歴史文化ライブラリー

501

沖縄米軍基地全史

野添文彬

吉川弘文館

目次

「沖縄基地問題」とは何か——プロローグ

1　「沖縄基地問題」とは何か

沖縄米軍基地の現状

沖縄を代表する道路、国道五八号線は、那覇空港近くの明治橋《めいじばし》から本島北部の国頭村奥《くにがみそんおく》まで、沖縄本島の西海岸を南北につないでいる。国道五八号線を明治橋から出発して進むと、片道三車線の広い道路の左右に、那覇軍港、牧港《まきみなと》補給地区、キャンプ瑞慶覧《ずけらん》、キャンプ桑江《くわえ》、嘉手納《かでな》基地と、米軍基地のフェンスが続いているのを眺めることができる。もともとこの道路は、米軍統治時代に基地と基地とをつなぐために整備され、軍道一号線と呼ばれた。この道路には、沖縄県民や、多くの観光客に加え、今でも「Y」の車両プレートをつけた米軍関係者の自家用車や軍用車両が多く走っている。米軍統治時代、有事には戦闘機がこの道路を滑走路として使用するこ

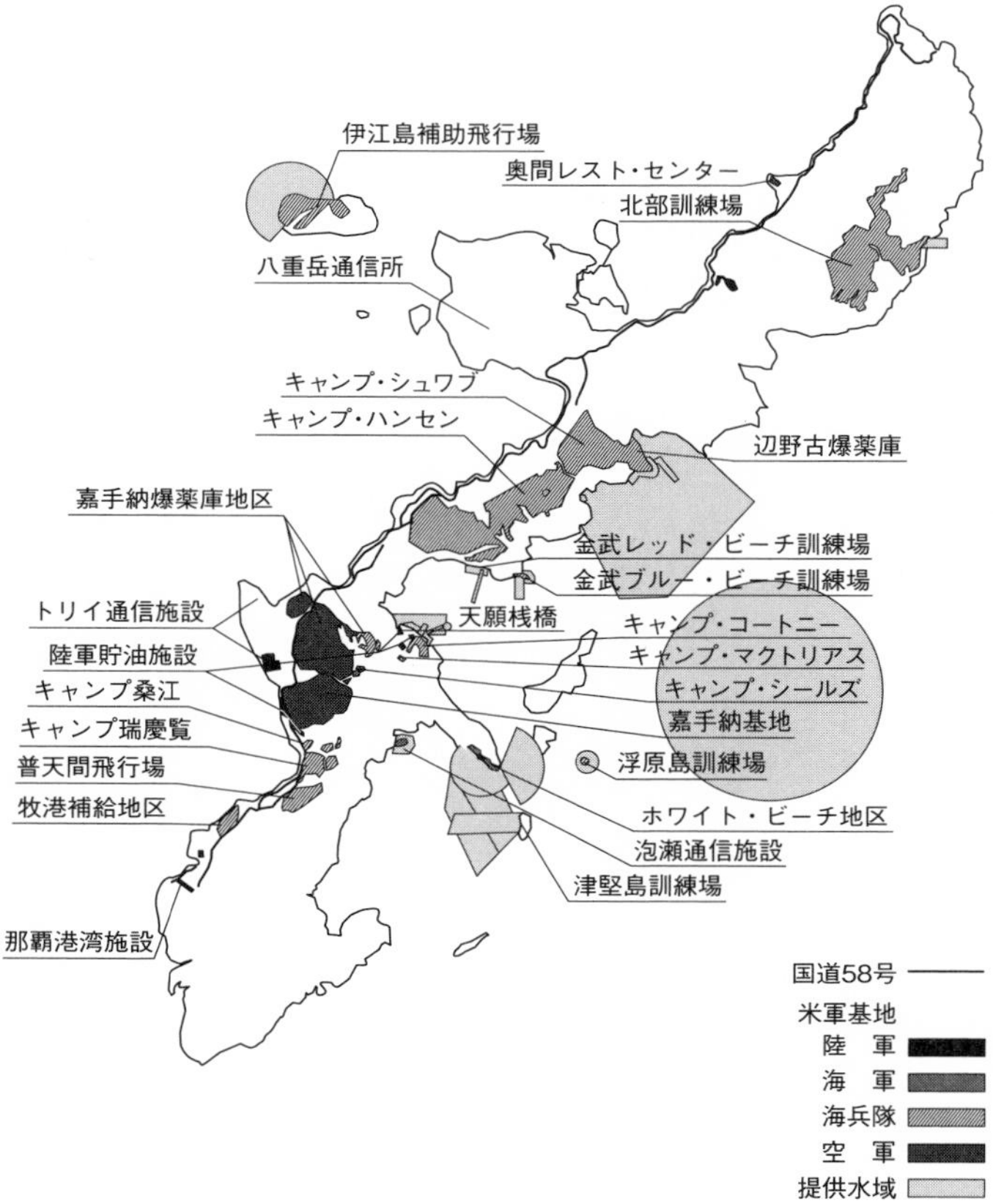

図１　沖縄県の米軍基地の現状（沖縄県知事公室基地対策課『沖縄の米軍基地』2018年より作成）

とも想定されたといわれる。ずっと続く基地のフェンスの内側には、日の丸とともに星条旗が高く掲げられ、米軍の存在と「日米同盟」を意識させられる。

二〇一九年三月の沖縄県の資料によれば、沖縄には二万五八四三人の米軍が駐留するとともに（二〇一一年六月時点）、数にして三三、面積にして一万八七〇九・九haの米軍基地が存在する（二〇一八年三月時点）。沖縄にある米軍基地のうち、米軍が管理する米軍専用施設面積は一万八四九六・一haで、日本における米軍専用施設面積の七〇・三%を占めている。沖縄県の面積は、日本全体の面積の〇・六%に過ぎないが、沖縄県の面積の八・二%、特に本島の面積の一四・六%の土地が米軍基地である（沖縄県知事公室基地対策課『沖縄の米軍及び自衛隊基地』一～二頁）。この小さな島に巨大な米軍基地が存在することによって、沖縄では、長年にわたって米軍関連の多くの事件・事故・騒音被害・環境破壊などが起きてきた。このような沖縄への米軍基地の集中とそれに伴う様々な問題が「沖縄基地問題」である。

そもそも、第二次世界大戦以降、日本は、安全保障政策の基軸を、一九五一年に調印され、六〇年に改定された日米安全保障条約に置いてきた。日米安保条約及び関連取り決めに基づく安全保障に関する日米の協力体制を日米安保体制（以下、日米安保）と呼ぶ（吉

図２　日本本土の米軍基地の現状（防衛省『防衛白書 令和元年』2019年より作成）

次iv頁）。日米安保条約は、日本が米軍に基地を提供する一方、米国は軍隊を日本に駐留させ、日本を防衛するという相互的だが非対称な協力関係から成立している。このような日米安保条約の基本的な協力関係を、外務省条約局長だった西村熊雄は、「物と人との協力」と呼んだ（西村）。

問題は、非対称な協力関係から成り立つ日本安保において、日本が提供する「物」＝基地のほとんどが沖縄にあることである。もちろん、三沢《みさわ》基地・横須賀《よこすか》基地など、沖縄だけでなく日本全国に米軍基地は存在するが、沖縄県に次いで米軍専用施設面積の多い青森県や神奈川県も、その米軍専用施設面積は沖縄にある米軍専用施設面積の八分の一程度に過ぎない（表1参照）。また、都道府県面積に占める米軍基地の面積の割合も、他の都道府県と比べて沖縄県は圧倒的に大きい。これらの事実を踏まえれば、沖縄の基地負担の不公平さは明らかである。

今日、日米安保は、日本による米軍への基地の提供だけでなく、自衛隊と米軍の防衛協力も強化され、「日米同盟」という呼び方も一般的になっている。自衛隊と米軍は日本防衛だけでなく、朝鮮半島など日本周辺の有事やグローバルな事態においても協力することになっており、いわば自衛隊と米軍の「人と人との協力」が進んでいる。その一方で、日米安保における基本的な協力関係が「物と人との協力」であり、その中で「物」＝基地が沖縄に集中しているという状況は変わらないままである。

防衛省の説明によれば、沖縄は、グアムやハワイなどと比較し、朝鮮半島や台湾といった潜在的紛争地域に近く、日本の海上交通路（シーレーン）に隣接するとともに、大陸と太平洋を出入りする地点として、安全保障上極めて重要な位置にある。このような地理的に重要な沖縄に米軍が駐留することは、「日米同盟の実効性をより確かなものにし、抑止力を高めるものであり、わが国の安全のみならず、アジア太平洋地域の平和と安定に大き

表１　都道府県別米軍施設（専用施設）数および面積

都道府県名		施設数		施設面積		都道府県面積	都道府県面積に占める施設面積の割合（%）	
			順位	（千 m^2）	順位	（km^2）		順位
全　国		78		263,192		377,971.53	0.07	
1	北海道	1	10	4,274	7	83,423.82	0.01	11
2	青森県	4	6	23,743	2	9,645.56	0.25	4
3	埼玉県	3	7	2,282	9	3,797.75	0.06	7
4	千葉県	1	10	2,095	10	5,157.64	0.04	9
5	東京都	6	4	12,946	4	2,191.00	0.59	3
6	神奈川県	11	2	14,731	3	2,415.92	0.61	2
7	静岡県	2	8	1,205	11	7,777.43	0.02	10
8	京都府	1	10	35	12	4,612.19	0.00	12
9	広島県	5	5	3,538	8	8,479.47	0.04	8
10	山口県	2	8	8,672	5	6,112.34	0.14	5
11	福岡県	1	10	23	13	4,986.40	0.00	13
12	長崎県	10	3	4,686	6	4,132.20	0.11	6
13	沖縄県	31	1	184,961	1	2,281.14	811	1

（出典）沖縄県知事公室基地対策課『沖縄の米軍基地及び自衛隊基地（統計資料集）』2019年8月，8頁.

（注）１．施設後・施設面積は，沖縄防衛局の資料（2018年３月末現在）による．施設が複数の都道府県にまたがる場合，施設数は，主要部分が所在する都道府県に算入されている．

２．都道府県面積は，全国市町村要覧平成29年度版による．

３．計数は四捨五入によるため，符合しないことがある．

４．施設面積の割合が同値でも小数点第２位以下でもって順位を表示している．

く寄与している」という（防衛省三三三頁、図3参照）。しかし、沖縄の地理的重要性は自明なのだろうか。また、地理的重要性によって、沖縄への米軍基地の集中は正当化できるのだろうか。

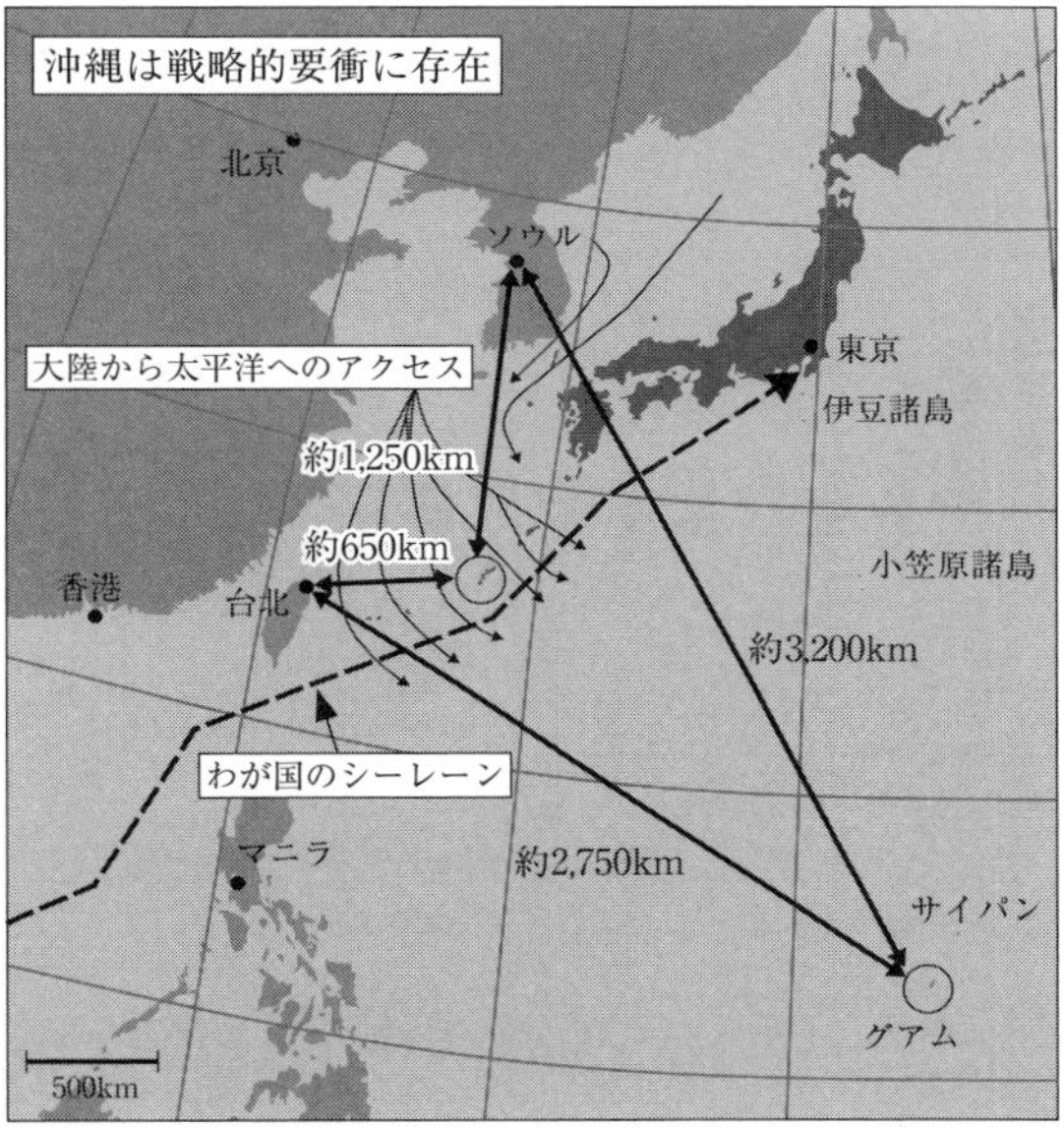

図3　防衛省によるアジア太平洋地域の沖縄の地理的位置についての説明（防衛省『防衛白書 令和元年』2019年，333頁）

沖縄への米軍基地集中の経緯

そもそも、どのような経緯で沖縄に米軍基地が集中することになったのだろうか。図4に示されているように、戦後の歴史のなかで、沖縄の基地の集中は徐々に進んできた。

沖縄に米軍基地が建設され始めたのは、一九四五年、アジア太平洋戦争末期の沖

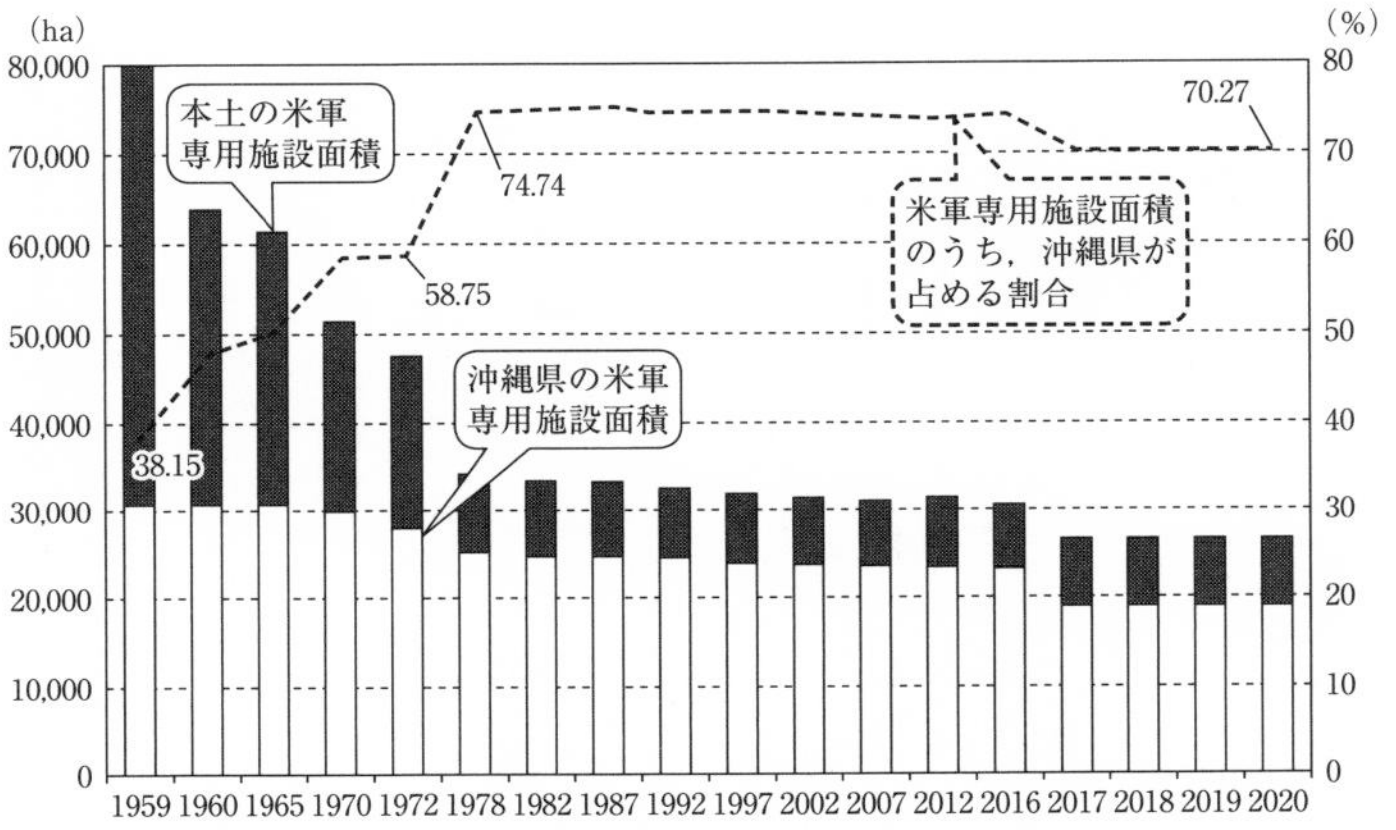

図４　沖縄県と本土の米軍専用施設面積と沖縄県が占める割合の推移（防衛省資料等をもとに沖縄県知事公室基地対策課が作成）

縄戦の最中である。沖縄を占領した米軍は、戦後直後から冷戦が開始されると、重要な軍事拠点として沖縄を日本から切り離して戦略的に支配しようとする。五一年九月に調印されたサンフランシスコ講和条約では、日本は国際社会に復帰したものの、沖縄は米軍統治の下に置かれ続けた。もっとも、講和当時、日本本土の米軍基地面積は沖縄の米軍基地面積の約八倍あった。

その後、五〇年代に日本本土の米軍基地は大幅に削減される一方で、沖縄の米軍基地は拡大し、日本本土と沖縄の米軍基地面積は同規模になる。さらに七二年、沖縄の日本への施政権返還が実現した前後にも、日本本土の米軍基地が大幅に削減される一方で、沖縄の米軍基地がほぼ維持され、在日米軍基地の四分の三が沖縄に集中していく。

そして冷戦終結後も、この状態がほぼ変わらないまま、現在まで続いている。冷戦後、九六年に宜野湾市の市街の中心部にあって危険が指摘されてきた普天間《ふてんま》飛行場の返還が日米両政府間で合意されたが、同飛行場を県内北部の名護市辺野古《へのこ》に移設する計画をめぐって、四半世紀もの間、迷走が続いている。

本書の目的・構成

本書は、なぜ、そしてどのように沖縄に米軍基地が集中し、今日まで維持されているのかを日米安保の歴史に位置づけて検討することを目的とする。

これまでも沖縄米軍基地の歴史については、いくつもの研究や著作が発表されてきた。そのほとんどは、米軍の沖縄占領から沖縄の日本復帰までの歴史を扱っている。サンフランシスコ講和条約の締結や沖縄返還といった個別の重要な局面についても、多くの研究が分析を行っている。九五年に沖縄で起きた少女暴行事件とその後の普天間飛行場の移設問題の経緯についても、研究者やジャーナリストによる著作が多数存在する。沖縄現地の戦後史についての著作もいくつか出ている。しかし、日米関係の観点から沖縄米軍基地の通史を描いたものは意外に少ない。

本書は、当時の史料や最新の研究を踏まえつつ、沖縄戦から沖縄返還を経て二〇〇〇年代までを通して、沖縄米軍基地が日米安全保障関係の歴史的展開のなかでどのように扱われたのかを全体として論じる。その際、特に重視するのは、日米両政府の安全保障政策の相互作用である。すなわち、米国の軍事戦略のなかで沖縄米軍基地がどのように位置づけられたのかという点とともに、これまであまり扱われてこなかった、日本の安全保障政策における沖縄米軍基地の扱いについて、日米それぞれの政策決定者・当局者たちの認識や行動をもとに検討する。沖縄現地の動きについても目配りをしていく。

さらに本書では、沖縄の米軍のなかでも、その最大の部隊である海兵隊に注目する。海兵隊は、陸軍・海軍・空軍など米軍のなかでは一番小さな部隊だが、沖縄では米軍基地面積の約七割（一万三〇五〇・一ha）、米軍兵力の約六割（一万五三六五人）を占め、大きな存在感を持っている（図5参照）。沖縄には、空軍の嘉手納基地や海軍のホワイトビーチなども存在するが、普天間飛行場をはじめ、圧倒的に多くが海兵隊の基地である。現在、在日米軍のなかで海兵隊の兵力が占める割合は三割程度だが、そのうち八七％が沖縄に駐留している。沖縄になぜ米軍基地が集中しているのかを考えるうえで、海兵隊の沖縄駐留について検討することは不可欠である。

本書の構成は次のとおりである。

まず、沖縄米軍基地が形成される時期について扱う。アジア太平洋戦争末期の沖縄戦とともに基地建設が開始される時点から、戦後まもなく冷戦が本格化するなかで米国政府と日本政府が沖縄を安全保障上重視していく過程を検討する。次に、沖縄への在日米軍基地の集中が進んだ、米軍統治時代の五〇年代から六〇年代の時期を論じる。第三に、七〇年

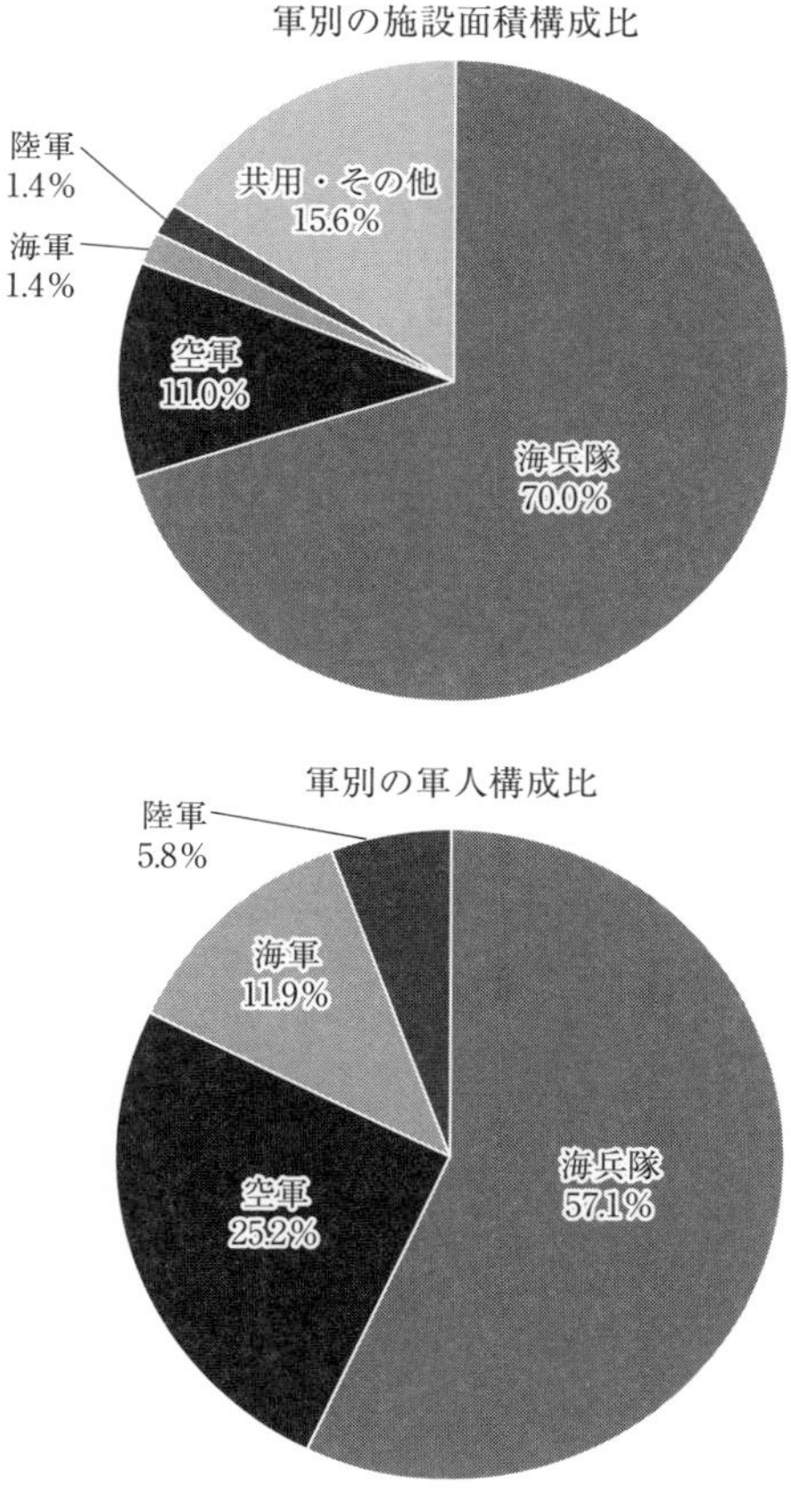

図５　沖縄の米軍部隊別割合（沖縄県知事公室基地対策課『沖縄の米軍基地』2018年より作成）

代前後、沖縄返還が実現する一方で、沖縄に米軍基地がさらに集中し、日米安全保障関係が強化されていった時期を扱う。最後に、冷戦終結後の九〇年代から二〇〇〇年代の時期を検討する。普天間飛行場の辺野古移設問題の経緯に加え、東アジアの安全保障環境の変化のなかで沖縄がどのように位置づけられるようになったのかを論じる。本書の記述にあたっては、多くの先行研究を参考にするとともに、日米の政府文書・回顧録・個人文書・日記・当時の新聞などを活用した。

沖縄米軍基地の形成

沖縄戦からサンフランシスコ講和へ

沖縄戦と基地建設の開始

基地建設の始まり

沖縄の米軍基地は、アジア太平洋戦争末期の沖縄戦を起源とする。日本軍は日本本土防衛のため、米軍は日本本土侵攻のため、それぞれ沖縄の戦略的価値に着目し、基地を構築し始めたのである。

もっとも一九四三年まで日本軍にとって沖縄の軍事的重要性は高くなかった。もともと沖縄は、日本のなかで郷土部隊を持たない唯一の県で、県内にはわずかに徴兵事務を取り扱う連隊区司令部が常駐するだけだった。沖縄は長い間、軍事的な「空白地帯」だったのである（大城九〇頁）。本格的な軍事施設は、四一年一〇月に沖縄本島の中城湾《なかぐすくわん》と西表《いりおもて》島《じま》の船浮《ふなうき》に要塞が建設され、要塞司令部・要塞重砲兵連隊・陸軍病院を置いたのが最初で、飛行場としては沖縄本島の小禄《おろく》に海軍飛行場があるだけだった（林『沖縄戦と民衆』一五頁）。同年一二月にアジア太平洋戦争が勃発したが、この後もしばらくの間、日本軍にとって沖縄は軍事戦略上重要ではなかった（『沖縄県史 各論編六』三〇頁）。

ところが四三年九月、戦況が悪化するなか、大本営は「絶対国防圏」を設定し、確保すべき圏域を千島・小笠原・マリアナ諸島・西部ニューギニア・スンダ・ビルマの範囲に絞り、態勢の立て直しを図った。その際に、前線のマリアナ諸島に展開する航空部隊を支援するため、南西諸島に中継基地を建設することが必要になった。こうして、陸軍が不時着用の飛行場として、北飛行場（読谷《よみたん》）の建設に着手し、さらに同年末には伊江島《いえじま》・石垣島《いしがきじま》でも飛行場建設に乗り出していく。

その後、さらなる戦況の悪化に対し、日本軍は沖縄の防衛を強化するため、四四年三月二二日、第三二軍を結成する。この日、大本営陸軍部は、「十号作戦準備要綱」を発令し、台湾軍と第三二軍に対し、「南陲ノ皇土防備及南方圏トノ交通確保等ノ為海軍ト協同シテ台湾方面ヨリ南西諸島方面ニ亙ル作戦準備ヲ強化」するよう命じた。その際、「航空作戦準備ヲ最重点」とし、数ヵ所の航空基地を建設することを指示したのである（『沖縄県史資料編二三』一〇～一六頁）。このように、日本「皇土」を防衛するとともに、「皇土」と南方地域の交通を確保するため、沖縄に航空基地が建設されていく。

七月七日にはサイパン島が陥落し、「絶対国防圏」が破られるなか、沖縄の重要性は高まった。七月二四日、大本営は、「捷号作戦」を発令し、米軍と戦うため、決戦方面を「本土」（北海道・本州・四国・九州付近・小笠原諸島）、「連絡圏域」（南西諸島・台湾及東南支那付近）および「比島方面」と区分し、決戦時期を八月以降とした。翌四五年一月二〇日には、大本営によって「帝国陸海軍作戦計画大綱」が発令され、「皇土特ニ帝国本土ヲ確保スル」ことを作戦目的として、「皇土防衛ノ為縦深作戦遂行上ノ前縁」として南千島・小笠原とともに、沖縄本島など南西諸島が位置づけられ、「極力敵ノ出血消耗ヲ図リ且敵航空基盤造成ヲ妨害ス」ることが命じられた（『沖縄県史　資料編二三』二二～二五頁）。このように、沖縄での戦いは、「皇土」である日本本土を防衛し、そのために米軍に大きな犠牲を与えることが目的とされたのである。

ところが、この頃、東京の大本営と現地の第三二軍との間では、作戦構想をめぐって齟齬が生じていた。大本営は沖縄での戦いで航空戦を重視し、当初は第三二軍も、地上兵力と住民を総動員して沖縄での飛行場建設に取り組んだ。ところが一一月、大本営は、フィリピンのレイテ沖での決戦のため第三二軍から最精鋭の第九師団を台湾へと転出させた。

四四年一二月のレイテ沖海戦で日本軍が敗れると、大本営は本土決戦思想へと傾斜していくが、沖縄については航空戦に固執していた。これに対して第三二軍は、圧倒的な米軍に対抗するために沖縄を「巨大な不沈空母」と見たて、作戦計画を見直し、陸戦第一主義のもと、沖縄での大規模な地上戦によって戦争の流れを止めることを目指した（八原一一二頁）。そして本島南部に兵力を再配備する一方、伊江島・北・中の各飛行場の確保を断念し、これらを米軍上陸前に破壊してしまった。

このように、航空決戦を重視する大本営と地上決戦を重視する第三二軍との間で作戦構想の齟齬があるまま、日本軍は沖縄戦へ向かっていく。すでにこの時期、日本の指導者たちの間にも日本敗戦は不可避だという認識は強くなっていた。四五年二月、元首相の近衛《このえ》文麿《ふみまろ》は、昭和天皇に対し、戦局の見通しについて「最悪ナル事態ハ遺憾ナガラ最早必至」と述べ、敗戦は不可避だとして早期和平を上奏した。しかし、昭和天皇はもう一度戦果を挙げてからでないと難しいと述べて近衛の進言を退けた（『昭和天皇実録　第九』五五八頁）。昭和天皇は、今後の講和に向けて少しでも有利な条件で交渉するため、「戦果」が必要だと考えていたのである。日本軍にとって沖縄での決戦は、沖縄を犠牲にしてでも米軍に打撃を与えて本土決戦を先延ばししたり、和平交渉を進めたりするための「戦果」を挙げる機会だった。

沖縄戦と米軍基地建設

米軍も、四四年末までは、沖縄を特に軍事的に重視していたわけではなかった。日本本土に侵攻するため、沖縄への米軍の攻撃が決まったのは、四四年一〇月のことである。当初、日本本土へ向けてフィリピン→台湾→中国沿岸部という進路が構想されたが、台湾侵攻は大規模な部隊と補給が必要だとして断念されたため、ルソン島占領後、硫黄島と沖縄を攻略するという計画が採用された。米軍は、日本本土上陸作戦のための中継補給の拠点とするとともに、日本本土を封鎖する拠点とするため、沖縄を攻略しようと考えたのである（『沖縄県史 各論編六』五六～五七頁）。特に、四四年四月に航続距離六六〇〇キロ（戦闘行動半径二九〇〇キロ）を有するB29爆撃機が実戦配備されて以降、沖縄は日本主要部を制圧するための戦略爆撃機の航空基地の拠点だとみなされた（山田 一二八頁）。

こうして米軍が沖縄侵攻のために策定したのが「アイスバーグ作戦」である。ここで目標として掲げられたのが、「軍事基地を確立する」ことであった（『沖縄県史 資料編一二』四六頁）。特に沖縄占領によって、普天間《ふてんま》・読谷・嘉手納《かでな》・那覇・牧港《まきみなと》・与那原《よなばる》・糸満《いとまん》・泡瀬《あわせ》など八つの飛行場の建設が計画された（『沖縄県史 各論編六』五八～五九頁）。

図6　嘉手納基地（1945年, 沖縄県公文書館所蔵）

四五年三月二四日、米軍は慶良間《けらま》諸島に上陸した。これを受けて大本営は、沖縄航空作戦である「天一号作戦」を発令する。昭和天皇は「天一号作戦は帝国の安危の決するところ」と述べ、沖縄での戦いに強い望みを託した（『昭和天皇実録第九』六二五頁）。ところが、第三二軍は、地上決戦を重視する観点から、米軍を上陸させて引きつけたうえで持久戦を戦うという作戦を立てていた。そのため、四月一日、米軍は悠々と沖縄本島の中部西海岸に上陸し、日本軍が放棄した読谷の北飛行場と嘉手納の中飛行場を占領する。そして四月七日には読谷の飛行場が、四月一〇日には嘉手納の飛行場が、米軍に

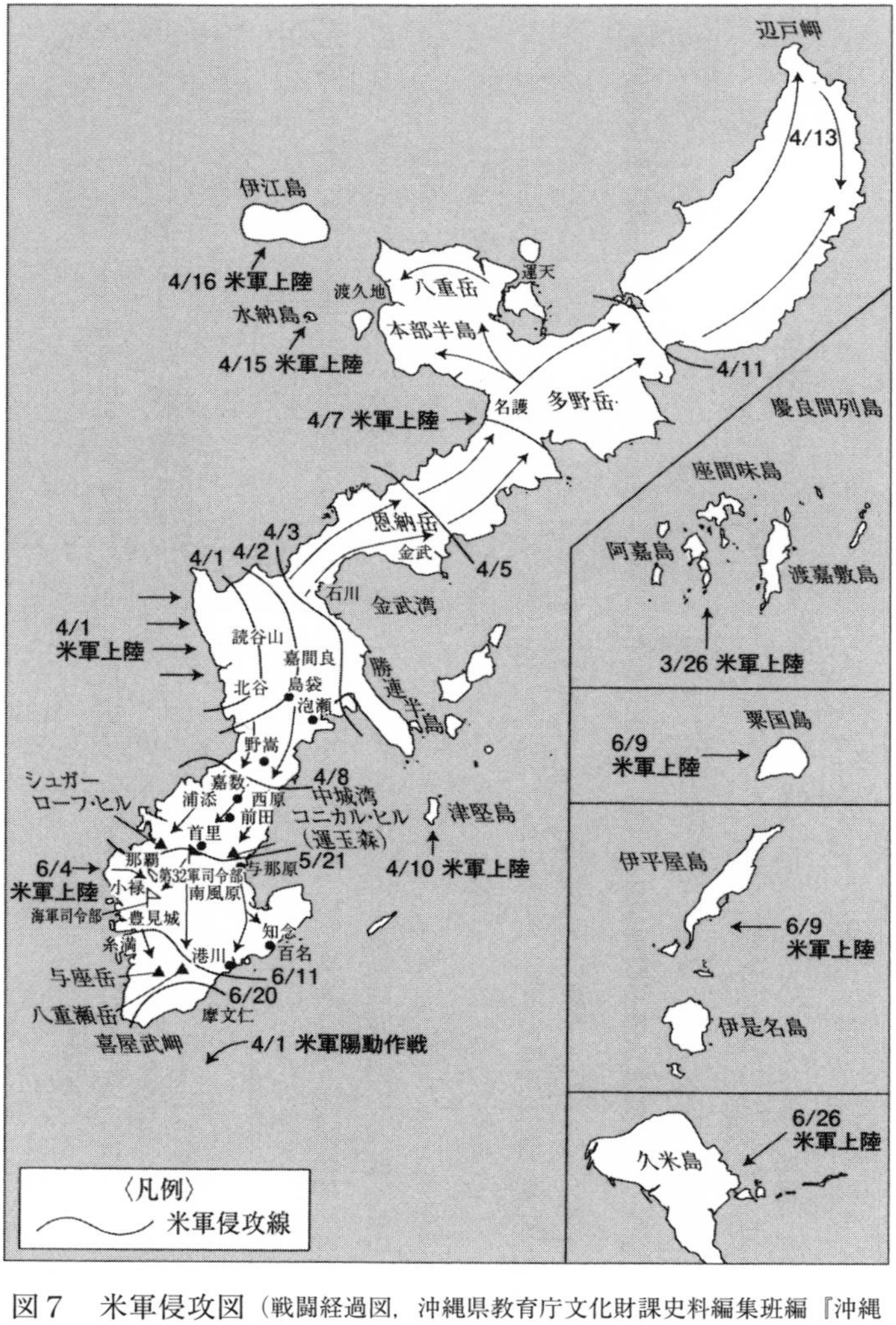

図７　米軍侵攻図（戦闘経過図，沖縄県教育庁文化財課史料編集班編『沖縄県史 各論編６』2017年より転載）

よって使用されるようになる（『沖縄県史 各論編六』六三二頁）。沖縄戦の最中から、沖縄の米軍基地から日本本土への爆撃が行われていく（林『沖縄からの本土爆撃』）。なお、米軍は「米海軍政府布告第一号」（ニミッツ布告）を出し、日本の行政権を停止して軍政府を設立すると宣言し、沖縄上陸とともに順次軍政を開始する。

飛行場の占領という知らせは、日本の指導者たちに衝撃を与えた。四月三日には、小磯《こいそ》国昭《くにあき》首相が「琉球ノ戦況見透如何」と質問したのに対し、大本営陸軍部の宮崎《みやざき》周一《しゅういち》作戦部長は「結局敵ニ占領セラレ本土来寇ハ必至」だと答えている（『沖縄県史 資料編二三』三一頁）。昭和天皇も、同日、梅津《うめづ》美治郎《よしじろう》参謀総長に対し、米軍の沖縄上陸について、「此戦ガ不利ニナレバ陸海軍ハ国民ノ信頼ヲ失ヒ今後ノ戦局憂フベキモノアリ」と述べ、「現地軍ハ何故攻勢ニ出ヌカ」と不満を述べている。そのうえで昭和天皇は、「兵力足ラザレバ逆上陸モヤッテハドウカ」との考えを示した。四月四日、大本営陸軍部は、第三二軍に対し、天皇の憂慮を伝達し、米軍に占領された北・中飛行場の奪回を要望する電報を発信した。これを受けて第三二軍は飛行場奪回のために攻勢に出るが、米軍の反撃によって大きな犠牲を出した。

一方、米軍は日本軍との戦闘を続けながら、沖縄での基地建設を進めていった。当初、

図８　普天間飛行場の建設（1945年，沖縄県公文書館所蔵）

米軍は、四月一九日以降、沖縄本島に一八本、伊江島に四本の滑走路を建設することにした。嘉手納基地の滑走路も当初日本軍が建設した時は一四〇〇メートルだったが、米軍によって二二五〇メートルに拡張された。五月一二日の太平洋方面軍兼太平洋艦隊司令部による計画では、「沖縄は、軽・中・重・超重航空機の作戦のための前進航空基地として、主要な艦隊への兵《へい》站《たん》支援を提供する施設のある艦隊基地として、将来の作戦を支援する供給基地として、陸軍と海軍部隊の復旧と中継基地として、展開する」とされている。もっとも、基地の構築は日本本土侵攻のためであり、「恒久的な施設は検討されていない」とされた（『沖縄県史 各論編六』六三二頁）。

こうした基地計画に基づいて、米軍は、捕虜となった沖縄の住民を南部から北部へと移動させ、収容所に収容した。四月一日から八月三一日の間に、沖縄の住民二五万人が移動させられ、しかもその多くは、基地建設のため何度も移動させられた。この時、米軍は、本島中南部の宜野湾村《ぎのわんそん》の九〇〇〇人もの住民が生活する集落を破壊して二四〇〇米《メートル》の滑走路をもつ普天間飛行場を建設している。

沖縄戦とアジア太平洋戦争の終結

米軍が本島中南部の嘉数《かかず》や前田《まえだ》での激戦を制して進軍すると、第三二軍は司令部を置いていた首里から撤退し、南部へと追い詰められていく。六月一二日には、海軍の大田実《おおたみのる》司令官が「沖縄県民斯く戦えり。県民に対し、後世特別の御高配を賜らんことを」という電報を打って自刃した。六月二三日には、牛島満《うしじまみつる》司令官と長勇《ちょういさむ》参謀長が自害し、日本軍の組織的抵抗は終結する。

沖縄での戦況は、日本の指導者たちに大きな衝撃を与えた。昭和天皇は、六月一三日に沖縄守護隊の玉砕を知らされると、翌日、過度の心労から倒れた。これ以降、昭和天皇は態度を大きく変え、「国体護持」のため本土決戦を回避しようとした（鈴木一三六頁）。そして昭和天皇は、軍指導者たちに対しても、「戦争の終結についても速やかに具体的研究を遂げ、その実現に努力することを望む」と指示する（『昭和天皇実録　第九』七〇八頁）。

この時期、すでに米軍に占領されつつあった沖縄は、日本政府にとって和平の際、放棄するのもやむを得ない領土となっていたようである。和平に向けたソ連との交渉の特使を任された近衛文麿が七月一五日にまとめた「和平交渉の要項」によれば、戦後の日本領土について「止むを得ざれば固有本土を以て満足す」ることが目指された。確保すべき「固有本土」とは、「最下限沖縄、小笠原、樺太を捨て、千島は南半分を保有する程度」であった（豊下二二四頁）。

この後、広島と長崎への原爆投下、ソ連による満州侵攻を経て、日本政府はポツダム宣言を受諾し降伏する。九月二日、日本政府は降伏文書に調印したが、沖縄で日本軍の南西諸島守備隊が降伏文書に調印したのはさらにその五日後の九月七日のことだった。さらにいえば、日本軍にとっての沖縄戦終結は九月七日であったが、そもそも住民にとっての沖縄戦の終結は捕らわれた日、収容された日だったといえる（川平）。民間人を巻き込む悲惨な戦闘のため、沖縄戦での死亡者は、米側一万二五二〇人、日本側一八万八一三六人、そのうち沖縄県出身の軍人・軍属二万八二二八人、一般住民九万四〇〇〇人にものぼった。

アジア太平洋戦争の終結によって、日本本土に侵攻するための拠点として構築された沖縄の米軍基地は、もはや必要ではなくなったはずだった。ところが、戦後も沖縄の米軍基地は維持・拡大されていくことになる。まさに沖縄の「戦後」とは、米軍基地の建設によって戦場における破壊状態が固定化され、「戦場から地続きとなった時間」として始まり、今に続いているのである（鳥山、三頁）。

米国の戦後基地計画

戦後初期の米国の構想

第二次世界大戦のなかで、米国政府は、日本軍によるハワイの真珠湾攻撃や各国による戦略爆撃の活用、原爆の開発などのため、自国の安全保障の脆弱性とそれに対する縦深性のある防衛の必要性を認識するようになった。それゆえ特に米軍部は、潜在敵国が米本国を爆撃することを阻止し、また米軍が戦力を投射し侵略国を攻撃することを可能にするため、海外に基地を持つことが必要だと考えていく(JCS1945-1947, pp.144-145, Leffler, pp.57-59)。

すでに第二次世界大戦中の四二年一二月には、戦後に確保すべき海外基地についての検討が米国政府内で開始された。翌四三年一一月、統合参謀本部は基地についての報告書J

CS570／2を提出する。ここでは、太平洋地域で米国の直接的な防衛のためにフィリピンや太平洋諸島の日本委任統治領が重視される一方、沖縄は世界平和のための国際機関ができるまで必要な地域と考えられた（川名『基地の政治学』六六頁、Converse, p.73）。

ところが、沖縄戦のなかで、米軍にとって沖縄の基地としての重要性は高まった。四五年四月、海軍のアーネスト・キング提督は、米国が排他的管理権を持つ基地のなかに、沖縄を含む南西諸島を入れるよう提案する。七月一一日には陸軍航空隊が、米国の防衛の最西端として、沖縄と台湾の排他的な基地権を求めている（Converse, p.107）。

戦争末期の五月には、ジョージ・マーシャル参謀総長の指示で、戦後に米国が必要とする基地の再検討が開始され、第二次世界大戦終結後の九月二七日、JCS570／34が提出される。ここでは、戦略的に重要な地点にあり米国の安全保障にとって不可欠な「最重要基地」、「最重要基地」を防衛するとともにこれらの基地にアクセスするのに必要な「二次的基地」など、戦後に米国が保有すべき基地が区分された。当初、「最重要基地」には、ハワイ諸島・マリアナ諸島・フィリピンなどが含まれる一方、沖縄は小笠原諸島などとともに「二次的基地」に入れられていた。

これに対し、ヘンリー・アーノルド陸軍航空隊司令官は、空軍力を高めるという観点から、沖縄を「最重要基地」に格上げすることを主張した。軍部のなかには、沖縄を「最重要基地」にすることは、ソ連や中国を警戒させることになるとして、反対する意見もあった。しかし、海軍のキング提督も、「排他的な米国の戦略的支配下にあ」り、「陸海空またはその組み合わせの兵力を一定規模集約したり支援したりする物理的に十分な広さがある」といった条件から、沖縄を「最重要基地」に格上げすることに同意する。こうして、一〇月二五日、ＪＣＳ５７０／４０が統合参謀本部に承認され、沖縄は戦後の米軍基地システムのなかで「最重要基地」として位置づけられた（エルドリッヂ『沖縄問題の起源』第一章、宮里『アメリカの対外政策決定過程』一九七頁、JCS1945-1947, p.144）。

統合参謀本部は、沖縄や小笠原諸島を、太平洋の旧日本委任統治領とともに、日本から切り離し排他的に支配しようとした。その際、統合参謀本部が主張したのが、沖縄や小笠原諸島を、米国を施政権者とする国際連合の信託統治の下に置くことだった。国連信託統治制度とは、国連憲章の第一二条と第一三条に明記された国際的な管理制度で、国際連盟の委任統治領だった地域や第二次世界大戦後に敵国から分離された地域などを、将来的な自治や独立を目的として受任国が統治するというものである。米国政府は、第二次世界大戦後の世界において、反植民地主義や民族自決を掲げつつ、自国の軍事安全保障上、海外基地を置くためにこの制度を活用しようとしていた（池上一六頁）。

これに対して国務省は、沖縄を非武装化し日本のもとに返還すべきだと主張した。国務省の考えでは、第二次世界大戦中に米英両国が戦後の国際秩序の重要な柱とすべく発表した大西洋憲章で「領土不拡大」原則が明記されており、また戦後世界において米ソ協調が重要であるが、米国の沖縄保有はこれらに反するというのであった（河野『沖縄返還をめぐる政治と外交』一〇〜一四頁）。しかし統合参謀本部は、国務省の意見に反発し、沖縄などを戦略目的で使用できる戦略的信託統治領の下に置くよう改めて主張する。統合参謀本部は、沖縄はソ連との戦争で米軍が中国北部に兵力を投射できる唯一の基地であり、戦略的に極めて重要だと論じた（JCS1945-1947, p.155）。

沖縄の位置をめぐる国務省と軍部の対立のため、四六年一一月六日、トルーマン大統領は、太平洋諸島の旧日本委任統治領を国連の信託統治にすると決定する一方で、沖縄の決定については棚上げした。しかし、この間も米軍による沖縄の占領・統治という既成事実が積み上げられていく（宮里『アメリカの対外政策決定過程』二〇七頁）。

沖縄統治の開始

米軍のなかで、特に沖縄を戦略的に支配することを重視していたのが、連合国軍最高司令官のダグラス・マッカーサーであった。マッカー

図9　ダグラス・マッカーサー（the Army Signal Corps Collection in the U.S. National Archives）

サーは、占領下の日本に対しては日本政府を利用する間接統治の下で非軍事化・民主化に向けた改革を実施した。その一方で沖縄は、日本本土から切り離され、米軍による直接統治が行われる。四六年一月二九日、マッカーサーが率いるＧＨＱ（連合国軍最高司令官総司令部）は、「若干の外郭地域を政治上行政上日本から分離することに関する覚書」を出し、北緯三〇度以南の南西諸島を日本から分離することを明らかにする。米軍が沖縄を日本から分離した背景には、沖縄戦で米軍が大きな犠牲を払ったことや、ソ連が千島列島や歯舞《はぼまい》諸島を一方的に占領していたこと、琉球諸島が東京から遠いこと、さらには対日講和後も沖縄に長期的な米軍のプレゼンスを確立したいという考えがあったという（Feary Papers, Hoover Institution）。

マッカーサーは、沖縄は航空基地として重要であり、また沖縄住民は日本人ではないと考えていた。後のことになるが、四七年の米国人記者団との会見で、マッカーサーは、沖縄について次のように述べている。

米国が沖縄を保有することにつき日本人に反対があるとは思えない。なぜなら沖縄人は日本人ではなく、また日本人は戦争を放棄したからである。沖縄に米軍の空軍を置くことは日本にとって重大な意義があり、あきらかに日本の安全に対する保障となろう。

日本本土では、四七年五月に日本国憲法が施行され、憲法九条で日本の戦争放棄・戦力不保持が謳われていた。しかし、マッカーサーの考えでは、日本国憲法九条のもとでの日本の非軍事化は、米国による沖縄の戦略的支配と密接に結びついていた。言い換えれば、日本国憲法の平和主義は、沖縄の基地化なしにはあり得なかったのである（中野・新崎一四～一五頁、古関二二頁）。

沖縄現地では、米軍の計画によって戦後も基地建設が続く。四五年一〇月に現地の陸軍司令部が策定した基地開発計画によれば、沖縄本島に七、伊江島に一の飛行場を建設することになっていた。沖縄本島の飛行場のうち、読谷・嘉手納など四つの飛行場はもともと日本軍が建設した飛行場を基盤とし、本部《もとぶ》・普天間など三つの飛行場は新たに米軍が建設しようとしたものだった（平良二三頁）。米軍は、四七年九月段階で約一万七四〇〇haの土地を接収した。これは沖縄本島総面積の一四%を占めた。

米軍に占領された沖縄では、四五年九月から海軍が軍政を行った。海軍が軍政を担った理由の一つは、沖縄が海軍基地として適していると考えられたことだった。その後海軍は、沖縄が海軍基地としてそれほど望ましいものではないと判断し、最小限の基地のみ維持しようとする。そのため、翌四六年七月には、軍政は海軍から陸軍へ移管された。同じ時期、沖縄軍司令部は琉球軍司令部へと名称を変更する。四七年一月には、極東軍司令部が設置され、その傘下としてフィリピン・琉球軍司令部が設置される（『沖縄県史　資料編一四』六七頁）。なお、四五年八月二〇日には、沖縄本島で米軍政府による軍政への助言を行う沖縄住民の諮問機関として沖縄諮詢会が発足している。

ところで、前述のようなマッカーサーの意見や統合参謀本部の基地計画にもかかわらず、軍事予算の削減のため、沖縄の基地建設計画はしばらくの間進まなかった。四六年二月、西太平洋米陸軍本部は、琉球の恒久基地の建設費を九億三〇〇〇万ドルと推定したが、議会が承認したのは、三一〇〇万ドルであった。翌四七年五月には、マッカーサーは建設計画を縮小し、四八年度予算として七七〇〇万ドルを要請したが、議会は基地建設費をすべて拒否する。その結果、沖縄への資金も激減し、沖縄に駐留していた米軍も、四六年の約二万人から二年間で半減する。そのため、沖縄に駐留する米軍の質は低下し、沖縄は「陸軍の兵站の終末点」「第二次世界大戦で捨てられた装備と極東軍司令部の落伍者のはきだめ」などと呼ばれる状況に陥ったのである（『沖縄県史 資料編一四』七〇～七一頁）。

占領初期の日本政府の認識

占領下にあった日本政府は、GHQの占領政策に対応する一方で、戦後直後から将来的な講和条約を見据えて準備を開始した。四五年一一月、外務省内に平和条約問題研究幹事会が設置され、講和後の日本の領土のあり方をめぐり沖縄についても議論された。日本政府の考えは、連合国による四三年の「カイロ宣言」では「領土不拡大」が宣言されているので、沖縄など「日本固有の領土を返還してもらうのは当然」というものだった（下田『戦後日本外交の証言 上』五三頁）。

ところが、四六年一月二九日にGHQが「若干の外郭地域を政治上行政上日本から分離する覚書」を発表し、日本の行政範囲から沖縄が分離されたことに対し、日本政府は大きな衝撃を受けた。日本政府は、「この措置の決定にあたっては、将来の日本領域決定の際のことを念頭においていたことは疑いな」いと考え、領土としても沖縄が日本から切り離されるのではないかと警戒したのである（鈴木監修一一七頁）。

日本政府は、沖縄を日本の領土として維持しようとする一方で、米軍が戦争によって犠牲を払って占領した沖縄で基地を構築することは受け入れざるを得ないと考えていた。四六年一月二六日、外務省政務局は「沖縄本島ノ米軍基地化ニ就キテハ我ガ領土トシテ米ニ之ヲ認ムルコト然ルベシ」という考えを示している（『日本外交文書　準備対策』一六〜二一頁）。また、一月三〇日にも「米国ニ於イテハ極東ニ於ケル戦略的基地ヲ確保スヘク又米国兵ノ血ヲ以テ購ヒタル島嶼ハ之ヲ米国ガ保有スヘキナリトノ強キ主張アルニ鑑ミ米国ハ本土駐兵権ト共ニ沖縄本島及小笠原ニ相当長期ニ亙リ空軍基地ヲ設定セントスルモノト認メラレ」るとみていた（『日本外交文書　準備対策』四七頁）。

やがて、米国政府が沖縄を国連信託統治の下に置こうとしていることが明らかになっていく。しかし、五月の平和条約問題幹事会の報告書では、沖縄を連合国が共同でもしくは米国が単独で信託統治領としようとする可能性が高いが、この場合は「反対し得ざる」との考えが示されている（『日本外交文書　準備対策』八六〜一一四頁）。

冷戦の開始と米国の沖縄保有決定

外務省の模索と「天皇メッセージ」

一九四七年三月、マッカーサーは記者会見で、占領下で日本の民主化・非軍事化が進められたので、もはや早期講和が望ましいと発言し、対日講和に向けた機運が一気に盛り上がった。他方、すでに欧州では、米ソ対立が深刻なものになっており、米国政府によって四七年三月にはトルーマン・ドクトリン、六月にはマーシャル・プランが発表され、冷戦が本格化していた。

こうしたなかで、日本政府は講和への準備を進めると同時に、講和後の日本の安全保障をいかに確保していくべきかを模索する。その際、日本政府は、沖縄の米軍駐留をやむを得ないものとしてだけでなく、日本の安全保障上必要なものと認識していくのである。七月に岡崎勝男《おかざきかつお》外務次官が作成したメモによれば、沖縄については歴史的・人種的・経済的な関係から、「これを日本領土として残されたい」と希望する方針であった。他方で、「もし沖縄群島及先島群島の土地が連合国として戦略的見地からして必要である場合はその必要を充たすアレンヂメントは十分日本政府との間に行える」としている。つまり、日本政府は沖縄に対し通常の行政を担当する一方で、米国側が沖縄に基地を必要とする場合にはこれを受け入れる方針だった（外務省外交記録第七回公開）。

九月五日、ロバート・アイケルバーガー第八軍司令官が、鈴木九萬《すずきただかつ》横浜終戦連絡事務局長に対し、米軍がいつまでいるべきか、意見を聞かせてほしいと要望した。九月一〇日にはアイケルバーガーは鈴木に対し、連合国軍が日本から撤退した後、「「ソ」（ソ連）兵の侵入する様な事態に付ては沖縄「グァム」等から睨み、イザと云う場合浦塩（ウラジオストック）その他の要点に原子爆弾を落すことも考えられる」と述べている。鈴木は、日本は戦争放棄・非武装を国是としているが、米ソ関係が悪化し、国際連合にも依存できないので、「日本としても何等か斯かる事態に対処する方法を考えねばならぬ」と述べている（『日本外交文書　準備対策』二八四～二九六頁）。

この後、鈴木は、外務省内で議論し、芦田均《あしだひとし》外相の決済を得た文書を、九月一三日にアイケルバーガーに提示する。ここでは、米ソ関係が改善しない場合、日本の安全保障を守る方法として、米国との間に協定を結ぶという構想が示される。それによれば、平時には「日本に近い外側の地域の軍事的要地には米国の兵力が十分あることが、予想される」。しかし日本の独立が脅かされる際には、「米国側は日本政府と合議の上何時にても日本国内に軍隊を進駐すると共にその軍事基地を使用出来る」というのだった（『日本外交文書準備対策』二八四〜二九六頁）。なお、後に西村熊雄《にしむらくまお》外務省条約局長は、「日本の外側の近接地点というのは沖縄・小笠原・硫黄島を指すもの」だと記している（西村二〇六〜二〇七頁）。つまり、日本の「外側」である沖縄などに米軍が常駐する一方、有事には米軍が日本本土に駐留することで、日本の安全保障を守るという方式がここで提示されたのである。もっともアイケルバーガーはこれを自分用のものとし、米国政府内での議論で使用しなかったようである。

この時期、新憲法下で「日本国民統合の象徴」となった昭和天皇もまた、講和後の日本の安全保障に強い関心を抱き、宮内庁御用掛の寺崎英成《てらさきひでなり》を通して、自分の安全保障構想を米国側に伝えている。九月一九日、寺崎は、GHQ政治顧問のシーボルドに対し、昭和天皇が「米国が沖縄、その他の琉球諸島に対する軍事占領を継続することを希望している」

と伝えた。米軍の駐留は、対外的にはソ連の脅威、対内的には左翼勢力や右翼勢力の危険に対し、安全保障上必要だというのである。ただし、米国の沖縄占領の方式については、「主権を日本に置いたままでの長期——二五年ないし五〇年またはそれ以上の——租借方式という擬制において行われるべき」で、沖縄の主権は日本に残すべきだとした。この「天皇メッセージ」については、沖縄の米軍支配を事実上認めたものか、日本の主権維持を求めたものかをめぐって研究者の間でも評価が分かれている（エルドリッヂ『沖縄問題の起源』一〇五〜一一二頁、進藤六五〜六七頁、古関・豊下六〇〜六六頁）。このように冷戦が始まるなかで、日本政府内では、沖縄の米軍駐留は、日本の安全保障という観点から位置づけなおされたのだった。

講和をめぐる国務省・軍部の対立

同じ時期、米国政府内でも対日講和への議論が活発化し、四七年八月には、国務省極東局が対日講和条約の草案を完成させた。そこでは、米ソ協調を前提に講和後も日本の非軍事化と民主化を国際機関が監視するとされ、沖縄についてはその非軍事化と日本への返還が盛り込まれた。

しかし、軍部は国務省の講和条約案に反対し、沖縄についても米国による支配の必要性を強調した。マッカーサーは、「これらの島々の支配は、我々の西太平洋の境界の防衛にとって不可欠なものとして、米国に譲渡されなければならない」と考えていた。彼は、沖縄住民は人類学的に日本人でないし、経済的にも沖縄は日本に貢献しないという自説を繰り返した（*FRUS1947, Vol. VI*, Doc. 413）。統合参謀本部も、沖縄は、北西太平洋において重要な場所に位置する、「主要な重要性を持つ鍵となる基地」であり、沖縄を国連の戦略的信託統治領にするべきだと主張する（JCS1947-1949, p.264）。

極東局による講和条約草案は、軍部だけでなく、米国の冷戦戦略を策定していたジョージ・ケナンが率いる国務省政策企画室からも批判を受ける。国務省政策企画室は、冷戦の観点から、極東局の条約案が米ソ協調を前提としていることに疑問を投げかけるとともに、日本の政治と社会が依然不安定であることから、対日講和は時期尚早だと訴えた。沖縄については、米国による戦略的信託統治領にするか、主権を日本が維持したまま基地区域を米国が長期的に租借するか、いずれか政府内で議論されるべきだが、米軍基地を要求するという前提のもとで交渉を進めるべきだとしている。また、日本の安全保障のため、十分な米軍の兵力を日本の「近接地域」に配置することが必要だと強調する（*FRUS1947, Vol. VI*, Doc. 429）。

政策企画室の提言によって、対日講和は先送りされることになるとともに、沖縄の非軍事化と日本への返還も再検討されることになった。

米国の沖縄政策の決定

講和が先送りにされるなか、ケナンは対日占領政策を見直すべく、四八年三月に日本への視察旅行にでかけた。ここで特に沖縄の位置づけについて影響を与えたのが、マッカーサーだった。マッカーサーは次のようにケナンに力説する。米国の防衛ラインはもはやカリフォルニアの西海岸ではなく、マリアナ、琉球、そしてアリューシャンを通るラインであり、そのなかで沖縄はその「鍵となる砦」である。沖縄に空軍基地を置くことで、ウラジオストックからシンガポールにかけてのアジアの沿岸の敵の基地を破壊できる。そして沖縄に基地を建設することで、日本本土には米軍を維持させる必要はなく、日本の安全保障を守ることができる。したがって、「米国は、沖縄に居続けるという決断を今行うべきであり、恒久的な要塞のための必要な建設への十分な資金を拠出するべきである」（*FRUS1948, Vol. VI*, Doc. 519）。

ケナンは帰国後、日本の占領政策を非軍事化・民主化を目的としたものから経済復興を重視したものへ見直すべきだと提言した。そして沖縄については、マッカーサーの主張通りに、「米国政府は、現時点で、沖縄における施設を恒久的に保持するということを決心するべきであり、したがってそこでの基地を開発するべきだ」と訴えた。さらに、沖縄を米国が戦略的に支配するための問題を国務省はただちに検討するべきだと提言する（*FRUS1948, Vol. VI*, Doc. 519）。

この後、ケナンの提言に沿う形で、米国政府内では、冷戦のなかで日本の経済復興を促進することを目指した対日政策文書NSC13がトルーマン大統領によって承認される。そのなかで沖縄についての項目が最終的に承認されたのは、四九年五月のNSC13／5においてだった。ここでは、「沖縄における施設をとその他の施設を、長期的に保有する」とともに「沖縄とその付近の軍事基地は、ただちに開発されるべきである」ことが明記された（*FRUS1949, Vol. VII, Part 2*, Doc. 70）。こうして、米国政府内では、冷戦のなかで沖縄の戦略的重要性が確認され、米軍基地を開発することが決定されたのである。この時期、沖縄現地では、ジョセフ・シーツ少将が琉球軍司令官に任命され、彼によって沖縄の経済復興とともに基地建設が進められていく。

もっとも、沖縄基地を本格的に開発することについて、この後も米軍内部から疑問の声が上がっていた。四九年八月には、空軍が、台風の被害から沖縄に駐留するすべての空軍戦術部隊を米本国に撤退させ、沖縄の基地開発を縮小させるべきだと提案している。また一〇月には陸軍が、沖縄の基地開発への懸念から、日本本土・ハワイ・沖縄の間に陸軍戦闘部隊を三ヵ月ないし六ヵ月間隔でローテーション配備させることを提案した。しかし、結局いずれの提案も反対意見によって却下された。これ以降、日本本土や沖縄の経済資源をうまく活用しながら沖縄に基地開発を進めていくことが目指される（平良三二〜四〇頁）。なお、四八年八月には、極東軍司令部はフィリピン・琉球軍司令部から琉球軍司令部を独立させ、琉球軍司令部は極東軍司令官のマッカーサーの指揮下に置かれることになった。

サンフランシスコ講和条約第三条の成立

講和交渉に向けて

一九四八年には朝鮮半島で韓国と北朝鮮という二つの国家が成立し、中国大陸では国共内戦をへて四九年に中華人民共和国が成立するなど、東アジアにも冷戦が波及していく。こうしたなか米国務省は、東アジア戦略見直しの観点から、対日講和推進に向けて再び動き出した。しかしまたも米軍部は、対日講和は時期尚早だと反対する。米軍部は、東アジアの国際環境の悪化から、沖縄だけでなく日本本土にも基地を置くことが必要だと考えるようになっていたのである。

一方、日本では、吉田茂《よしだしげる》首相が、早期に日本の独立を回復することを目指すとともに、講和後の日本の安全保障を米軍駐留によって確保するという決意を固めていた。五〇年五

図10　吉田茂（国立国会図書館デジタルコレクション）

月には、池田勇人《いけだはやと》蔵相が訪米し、「講和条約ができても、おそらくはそれ以後の日本及びアジア地域の安全を保障するために、アメリカの軍隊を日本に駐留させる必要があるであろうが、もしアメリカ側からそのような希望を申出にくいならば、日本政府としては、日本側からそれをオファするような持ち出し方を研究してもよろしい」という吉田のメッセージを米国側に伝えた（宮澤五五〜五七頁）。

この吉田のメッセージは、米国政府内の合意形成に大きな影響を与え、国務省と軍部の合意が成立し、米国政府は対日講和に向けて本格的に動き出す（楠一一七頁）。同時期、ジョン・F・ダレスが対日講和問題の責任者となる。そして、米国政府内では、軍部の要求に応じて、講和後も米軍が必要な場所に、必要な期間、必要な規模の兵力を配備するという方針が固められる。

六月二五日、北朝鮮軍が韓国に侵攻したことで朝鮮戦争が勃発し、米軍は韓国防衛のため朝鮮半島に介入する。朝鮮戦争において、沖縄からはB29やB26が発進して北朝鮮への戦略爆撃を行い、日本本土と沖縄に展開する極東空軍の出撃回数は七二万九八〇回にのぼった。とはいえ朝鮮戦争では、日本本土の米軍基地が主要な発進基地であり、沖縄はその補助的な役割を果たしたのだった（阪中三八頁）。この直前、米軍内部では沖縄の農業再建のために米軍基地を縮小するという計画もあったが、朝鮮戦争勃発によって基地縮小計画も後退する（平良四七〜五二頁）。

この間、米国政府内では講和に向けて沖縄の扱いについて議論が進められ、ダレスは、軍部を説得しつつ沖縄の主権を日本に残す方式を模索した。ダレスは八月一八日、米国が、自国を施政権者とする信託統治制度に琉球諸島や小笠原諸島を置くよう国連に提案するまで、米国がこれら諸島の行政・立法・司法の全部の権力を行使する権利を持つことに日本は同意するという、後の講和条約第三条の条文を作成する（宮里『日米関係と沖縄』四九頁）。

一方、日本政府は、講和に向けた作業を進めるなかで、沖縄・小笠原などへの主権維持を目指した。外務省事務当局が一〇月に作成した準備作業文書、いわゆるA作業では、国民感情や日米間の政治関係上、沖縄や小笠原を日本から切り離すべきではないし、講和後も「日本本土に米国軍が駐屯することとなる以上、これらの諸島を本土と別個のベイシスにおける必要は、何もない」と考えられた。そのうえで、「米国において、これらの諸島の使用が是非必要とあらば、わが方としては、十分に米国側の要望に沿うようにする用意がある」とも論じられたのである（『日本外交文書　対米交渉』一七〜二四頁）。

しかし、米国側が沖縄を信託統治にする方針が公表されるなかで、一二月二七日に外務省事務当局によって作成されたD作業では、沖縄についての文言も修正された。ここでは、沖縄・小笠原を信託統治に置くことに反対する一方、「われわれは米国の軍事上の必要についでは十分にこれを理解し、いかようにでもその要求に応ずる用意がある」と強調された。もっとも、この後吉田は、「沖縄・小笠原諸島について米国が信託統治を固執する場合の措置について作業するよう」指示している（『日本外交文書　調書Ⅲ』八〇〜八一頁）。吉田は、沖縄が信託統治に置かれることに反対する一方で、信託統治領になった場合でも沖縄が日本から完全に切り離されることを回避しようと模索していくのである。

日米交渉の展開

五一年一月、対日講和問題の全権であるダレスが訪日し、本格的に講和問題をめぐる日米交渉が開始された。吉田は、米国側に対して沖縄の取扱いについての再考を繰り返し求めた。吉田は、GHQ政治顧問のシーボルドに対し、「日本国民に「アムール・プロプル（自尊心）」を保持しようとすることはできないか」と尋ね、沖縄について「日本国民は、いかにほんのわずかでも、自分たちの主権の痕跡を残すことを望んでいる」と強調した。また吉田の側近の白洲次郎《しらすじろう》も、米国側に対し、吉田の伝言として、日本から沖縄・小笠原を切り離すことは大きな間違いだが、「日本は、必要なだけ長く、米国から要請されるすべての軍事的権利を与える用意がある」と述べた（野添「サンフランシスコ講和における沖縄問題と日本外交」八二〜八三頁）。

一月三〇日には、吉田と外務省事務当局は、ダレスに提示するための文書「わが方見解」を作成する。ここでは、沖縄を信託統治に置くという提案に反対する一方で、「日本は、米国の軍事上の要求についていかようにでも応じ、バミューダ方式による租借をも辞さない用意がある」という要請がなされる。「バミューダ方式による租借も辞さない」という文言を指示したのは吉田だった。吉田は、米国側の戦略的要請を全面的に受け入れつつ、「沖縄・小笠原を「租借地」として提供していいから信託統治にすることを思いとどまってほしい」と考えていたのである（『日本外交文書　対米交渉』一七七〜一八八頁）。

ところが、沖縄・小笠原問題についての米国側の態度は厳しかった。一月三一日、吉田が「わが方見解」を提示したのに対し、ダレスは領土問題について「国民感情はよく解るが、降伏条項で決定済み」だとして協議を拒否したのである。このダレスの反応に、日本側は大きな衝撃を受けた（『日本外交文書　調書Ⅳ』三〇頁）。

その一方で、吉田ら日本側の要請は、米国側にも影響を与えたようである。ダレスの顧問であったアリソンによれば、吉田の要請に米国側は「深い感銘」を受け、ダレスは「日本がこれら諸島の潜在主権を保持する一方で、それらは米国によって統治されるという考えを思いついた」という（Allison, p.157）。

この後ダレスは、米国の沖縄についての戦略的要請と日本の沖縄への主権維持の要請を調整することを目指していく。ダレスは、軍部に対しては次のように説得する。沖縄を日本の主権から切り離して信託統治に置くことは、沖縄住民の復帰要求や国連でのソ連の拒否権行使などのため、米国の戦略的利益に合致しないかもしれない。むしろ、日本と米国の戦略的利益が一致するなか、日本に「潜在主権」を認めた現在のフォーミュラは、「米国の排他的な戦略支配を確保する」ことと完全に合致するというのだった。ダレスの論理では、日本による沖縄の主権維持は、むしろ米国の戦略的利益のために不可欠だったのである（宮里『日米関係と沖縄』六〇頁）。

その一方でダレスは、八月二日、シーボルドに対し、講和条約の草案について「琉球と小笠原に関しては、条約は、我々に日本の主権は放棄されるべきではないという吉田の懇願を受け入れたもの」だと認めている。そのうえでダレスは、「これらの諸島の恒久的なレジームは、おそらく、調印と批准の間に行われる研究にもとづいて米国によって後で決定される」との考えを示した（*FRUS 1951, Vol. VI, Part 2*, Doc. 668）。八月一四日には、ダレスはインド大使にも、沖縄・小笠原について、現地住民と日本人が満足できる関係を確立するような長期的な方法を模索しており、「近い将来に議会調査団を送ることを計画している」と説明した（*FRUS 1951, Vol. VI, Part 2*, Doc. 692）。

これに対して日本政府は、沖縄・小笠原が信託統治に置かれることを覚悟しつつ、日本本土と沖縄・小笠原の法的・経済的・文化的な一体性を維持していくことを目指した。六月二七日、吉田はアリソンに対し、「日本の悲願」として、沖縄など「信託統治に付せらる諸島の住民は、是非とも、依然日本人として取り扱いたく、又、日本との経済その他諸般の関係もそのまま持続させてゆきたい」と要請した。アリソンは、日本側の提案を歓迎している（『日本外交文書　対米交渉』三七〇～三七三頁）。

さらに日本政府は、八月一〇日、国会で沖縄・小笠原問題を説明するための文章案を米国側から提示されている。それによれば、講和条約案の、朝鮮半島や台湾などに関する第二条が領土の放棄を規定しているのに対し、沖縄・小笠原に関する第三条ではそのように規定しておらず、「第三条の字句は、その他のわが主権が残存する」ことを示していた。それゆえ、「融通性のある第三条の規定は、われわれが、国際の平和と安全上の利益のために米国が行う戦略的管理を条件として、本土との交通、住民の国籍上の地位その他の事項について、これら諸島の住民の希望に沿うために実際的な措置が案出されるだろうと希望する余地を残す」というのだった（『日本外交文書　対米交渉』六一〇〜六一一頁）。こうして日本政府は、講和条約のもとで、戦略的理由のために米国が沖縄を統治する一方、沖縄は日本から完全に切り離されることはないという見通しを持つようになったのである。

この間、沖縄では、独立や信託統治を求める意見もあったが、日本への復帰を求める声が強まっていく。五一年四月には日本復帰促進期成会が結成され、有権者の七二・一％の署名を集めて八月に吉田首相に送付する。しかし、すでにこの時期には講和条約での沖縄の扱いはおおまかに決められていた。なお、沖縄で日本復帰が要求される際、基地の存続は是認されていた。この時期、沖縄では本格的な基地建設が推進され、基地依存の経済構造が形成されるなか、沖縄の政治指導者たちは基地を容認せざるを得なかったのである（平良六九〜七三頁）。

サンフランシスコ講和条約

五一年九月、サンフランシスコ講和条約が調印され、日本は主権を回復することになった。一方、沖縄・奄美諸島・小笠原諸島については、講和条約第三条では次のように記された。

第三条

日本国は、北緯二十九度以南の南西諸島（琉球諸島及び大東諸島を含む。）孀婦岩《そうふがん》の南の南方諸島（小笠原群島、西之島及び火山列島を含む。）並びに沖の鳥島及び南鳥島を合衆国を唯一の施政権者とする信託統治制度の下におくこととする国際連合に対する合衆国のいかなる提案にも同意する。このような提案が行われ且つ可決されるまで、合衆国は、領水を含むこれらの諸島の領域及び住民に対して、行政、立法及び司法上の権力の全部及び一部を行使する権利を有するものとする。

この条文の意味について、米国政府全権代表であったダレスは、講和会議で「合衆国を施政権者とする合衆国信託統治制度の下にこれらの諸島を置くことを可能にし、日本に残存主権を許すこと」であると解説した。吉田茂首相も講和会議の演説で、沖縄など「北緯二十九度以南の諸島の主権が日本に残される」ことについて、「多大の喜をもつて諒承する」と歓迎した。そのうえで吉田は、「私は世界とくにアジアの平和と安定が速かに確立され、これらの諸島が一日も早く日本国の行政の下に戻ることを期待する」と表明する(『日本外交文書　調印・発効』六四〜八一・一三六〜一四一頁)。このようにダレスと吉田は、沖縄の主権が日本に残されるという認識を示した。同時に吉田は、国際的緊張を背景に、米国の沖縄統治を受け入れたのである。なお、講和条約調印と同日、日米安全保障条約が調印され、講和後も日本には米軍が駐留することになる。こうして「物と人との協力」に基づく日米安保がここに形成されることになった。

サンフランシスコ講和条約第三条によって日本が持つとされた「residual sovereignty」の訳語について、日本政府は「潜在主権」「残存主権」の用語を特に区別していない。当時、外務省条約局長の西村熊雄は、参議院での答弁で、「潜在主権又は残存主権」について、戦前の中国の関東州といった「租借地の関係」を例にあげ、「何も珍らしい観念ではございません」と説明している(国会議事録検索システム)。このように、日本政府は「潜在主権」「残存主権」を戦前の租借地の扱いと同じものとして認識していた。

講和条約第三条の評価は研究者の間で評価が分かれるが、ここまでみたように、沖縄における日本の「潜在主権」は、一義的には米国側が戦略的利益を追求するために作り出したものである一方、日本側の沖縄の主権維持への要請を米国側が受け入れたものであることも否定できない。とはいえ、本書で強調したいことは、第一に、講和条約調印の時点では、第三条や「潜在主権」の内容は明らかなものではなかったことである。第二に、日本政府もまた沖縄への米国の軍事的要請を最大限に受け入れたことである。第三に、日本政府は、「潜在主権」を手掛かりにして、沖縄統治に関与し、日本本土と沖縄との一体性を維持しようとした。

一二月一〇日、吉田は、シーボルドを通しダレスに対して、沖縄に日本の主権が残されたことを感謝したうえで、「この軍事的必要の許す範囲内において、できるだけ現地住民の希望に応ずるように措置される」よう、できるだけ早い時期の日米両政府間の協議を申し入れる（『日本外交文書　調印・発効』二九八～三二八頁）。ここで日本側は、現地住民の日本国籍を維持することや、日本とこれら諸島との関係を維持することなどを要望した。日本側からのこの要望書は、東京のシーボルドによって、五二年一月七日にワシントンに提出される。シーボルドは、日本国内では、「潜在主権」という言葉は内容があいまいで不満の対象になっているとして、日本側の提案に沿って、日本と沖縄などの緊密な関係を促進するべきだと主張した。さらにシーボルドは、「究極的な目標は、南西・南方諸島を日本に返還することだ」とも論じている（*FRUS 1952-1954, Vol. XIV, Part 2,* Doc. 477）。ダレスや国務省も、日本側の要請を理解し、沖縄統治への日本の関与を認める方向で動いている。講和条約調印後の九月一〇日、ダレスは、米国は沖縄を戦略的要請から排他的に支配する必要がある一方で、日本本土から沖縄を切り離すことは「島民と日本本土の住民の双方に恒久的な不満を生み出す」恐れがあると警告した。それゆえ追求すべき政策を検討し実行するために、議会のメンバーと民間人を含む調査団を日本と沖縄に派遣することを提案していた（*FRUS 1951, Vol. VI, Part 1*, Doc. 739）。極東軍司令部も、一九五一年末、沖縄を日本に返還したうえで、日米間で沖縄を軍事的に利用できるよう取り決めを結ぶよう提案している（エルドリッヂ『沖縄問題の起源』二四〇〜二四四頁）。

しかし、統合参謀本部は、戦略的目的のために沖縄の排他的支配に固執した。四月二日、国務省と統合参謀本部の会合で、国務省から沖縄を日本に返還するべきという意見が出たのに対し、統合参謀本部からは、「それは、裁判上の軍の権利にどのような影響を及ぼすか?」「もし我々がある危険な地域から、かなり多くの人口を動かしたり、飛行場を建設するために人々を動かしたりする場合に、何が起こるだろうか?」という疑問が出た。統合参謀本部の観点では、「もし我々がフリーハンドを持たない場合、我々は基地の価値の九〇%を失うだろう」し、「日本が我々の側にいつもいるとは限らない」というのだった。

この時期、日米間では行政協定をめぐって激しい交渉が行われており、米軍部は、基地の自由使用を確保し、さらに沖縄の基地を拡大していくため、沖縄の戦略的支配が必要だと考えていたのである（*FRUS 1952-1954, Vol. XIV, Part 2*, Doc. 547）。

四月二八日、サンフランシスコ講和条約が発効し、日本が主権を回復する一方で、沖縄は引き続き米国統治下に置かれた。沖縄では、すでに五〇年に米軍政府が米国民政府へと名称変更する。五二年四月には自治組織として琉球政府が発足するが、米国民政府は圧倒的な権限を有していた。

講和当時、沖縄には約一万六〇〇〇haの米軍基地が存在したのに対し、日本本土にはその八倍の約一三万五〇〇〇haの米軍基地があった。しかしこの後、米国統治下で沖縄の基地が拡大していく。連合国による占領と冷戦の開始を経て、戦後日本の安全保障は、日本国憲法第九条、日米安保条約、そして米国統治下の沖縄の米軍基地の三つを重要な要素として出発していくことになる。

沖縄への米軍基地の集中

五〇年代〜六〇年代

米国の沖縄長期保有方針

講和直後の日本政府の方針

前章で述べたように、サンフランシスコ講和条約第三条における沖縄の地位は、あいまいであったため、講和条約発効後も米国政府内では、沖縄・小笠原の地位について国務省と軍部との間で議論が続いていた。ところが、講和後の日本側の沖縄への姿勢は、国務省にとって意外なものであった。ロバート・マーフィー米国駐日大使は、五二年八月に「日本に到着以来、私が驚いたこと」として、「吉田首相や岡崎《おかざき》（勝男《かつお》）外相、その他の日本政府の人々から、琉球を日本の施政権へ返還して欲しいという要望をうけたことがない」とワシントンに報告している。日本側の態度の理由について、マーフィー大使は、「時間の浪費」だと考えられているのか、関心がないのか、あるいはもはや争点ではないのかわからないとしつつも、「我々は現在、日本からのこれら諸島の返還を求める説得力のある圧力の下にない」ので、この問題を一時保留にすべきだと主張した（*FRUS1952-1954, Vol. XIV, Part 2*, Doc. 591）。一〇月にもマーフィー大使は、日本国内では「小笠原または琉球については、現時点では明らかにわずかに弱い公けの関心しかない」と報告している（*FRUS1952-1954, Vol. XIV, Part 2*, Doc. 604）。

当時日本政府は、沖縄の日本本土からの「分離の状態は平和条約発効後も、同条約第三条の規定により、当分の間存続する」と予想し、沖縄の早期の施政権返還は不可能だと考えていた。それゆえ日本政府は、沖縄の米国統治に関与することで日本本土と沖縄の一体化を進めるという漸進的なアプローチをとろうしたのである。五三年二月、外務省アジア局は、日本国内では、奄美大島《あまみおおしま》の復帰運動の盛り上がりが注目される一方で、「米側が強大な軍事基地を建設している沖縄に対する一種の諦らめ」が存在していると指摘している。そのうえで日本政府の方針として、奄美大島については全面返還を求める一方、沖縄に関しては「その完全復帰が希望できない現在の状況にかんがみ、その教育行政権のわが方への返還を要請する方がわが方の譲歩する余地を多分に残しておく意味においても適切」だと考えられた（外務省外交記録H二二―〇一五）。

四月二日、吉田茂《よしだしげる》首相はマーフィー大使に対し、奄美諸島の施政権返還を要請し、総選挙の前にこの点について米国側の協力が得られれば、吉田率いる自由党の勝利は確実だと説明した（外務省外交記録第一一回公開）。講和後、国内での支持が低迷していた吉田は、奄美大島返還によって選挙勝利を目指す一方で、沖縄については相当の長時間を要することを覚悟し、返還要求にも慎重だったのである（河野『沖縄返還をめぐる政治と外交』八七頁）。しかし四月一六日、ウォルター・ロバートソン国務次官補は、武内龍次《たけうちりゅうじ》公使に「南西諸島の問題は軍事上の理由から問題があり困難」だと要請を拒否している（外務省外交記録第一一回公開）。

米国政府の方針の決定

米国政府内では、五二年八月、統合参謀本部が「極東における政治軍事状況が米国の安全保障上の利益にとって都合の良い方法で安定するような時期まで、これら諸島に関する現状を変更するべきでない」と勧告する覚書を提出した。統合参謀本部は、沖縄・小笠原を信託統治にすることについても、米国の軍事的利益に合致するか不透明だとして退け、現在のような米国の沖縄への排他的統治の継続を主張したのである（*FRUS 1952-1954, Vol. XIV, Part 2*, Doc. 595）。

一方、当初は沖縄の日本への返還を主張していた国務省も、徐々に姿勢を変化させていった。その理由の一つは、前述のような日本側の沖縄への消極姿勢であった。五三年一月、米国ではドワイト・アイゼンハワー政権が発足し、講和問題を担当したダレスが国務長官に就任する。この三月、ジョン・アリソン国務次官補はダレス国務長官に対し、沖縄の現状を維持しつつ奄美大島のみの返還を認めるという暫定的な解決案を提案した。アリソンによれば、沖縄は、極東における主要な軍事基地として、また長距離戦略爆撃機が出撃できる基地として戦略的に重要である。しかも沖縄の現状を維持することは「日本側にとっても利益である」。なぜなら、「インドシナや中国における作戦のために我々が基地を使おうとするときに、日本政府は責任を放棄することができるから」だというのである（*FRUS1952-1954, Vol. XIV, Part 2*, Doc. 638）。このように国務省でも、日本の安全保障面での対米協力姿勢が消極的であることから、沖縄の現状維持は望ましいと考えられるようになっていた。特に米国側の再軍備への要求に対し、吉田は慎重であり、米国側は不満を募らせていた。

アリソンの提案を踏まえ、六月、国家安全保障会議が開催される。ここでアイゼンハワー大統領は、奄美大島には米軍のラジオとレーダーの施設しかないにもかかわらず、米国がこの島を支配し続けることは日米関係を損なうとして、奄美返還を決定した。その一方で沖縄については、その軍事的重要性から維持されることになる。特にチャールズ・ウィルソン国防長官は、沖縄における米軍の立場は、日本本土の米軍の立場よりも「より確実なよい取引」で、「沖縄とその他の基地は、我々にとって極端に重要であり、日本における我々の基地とは全く別個のものだ」と強調した（*FRUS1952-1954, Vol. XIV, Part 2*, Doc. 655）。こうして奄美返還が決定されたが、米軍は沖縄統治に固執したのである。

奄美返還と「ブルー・スカイ・ポジション」

八月八日、ダレス国務長官は日本訪問時に、吉田に「少し早いクリスマス・プレゼント」として奄美返還を伝えた。同時にダレスは吉田に対し、もっと積極的に防衛努力をするよう迫ったが、吉田は国力や憲法問題から反論している（池田六二頁）。奄美返還発表は、日本国内で歓迎をもって受け止められた。しかし、沖縄をめぐって日米の間で認識の乖離があった。八月一三日、新木栄吉《あらきえいきち》駐米大使はワシントンに戻ったダレスに対し、奄美返還について感謝を述べるとともに、沖縄・小笠原についても同様に早期に返還するよう希望する。ところがダレスは、「沖縄や小笠原の返還を即時に要求することは控えるべき」で、日本政府や日本国民が地域の安全保障に努力しない限り沖縄・小笠原の返還は不可能だと述べた（*FRUS1952-1954, Vol. XIV, Part 2*, Doc. 675）。ダレスは、日本がアジアの安全保障のために貢献することなく、米国に要求してばかりだと不満を感じており、このような状況では沖縄を日本に返還することはできないと考えていたのである（エルドリッヂ『奄美返還と日米関係』二四四頁）。

一二月二四日、日米両政府によって奄美大島返還協定が調印され、同日、ダレス国務長官は、次のような声明を発表している。

米国は、極東に脅威と緊張が存在する限り、米国が残りの琉球諸島や平和条約第三条に明記されたその他の諸島における現状の力と権限を維持し続けることが、アジア及び世界の自由主義国家による平和と安定に向けて協調した努力を成功させるための必須条件である。

このような「極東に脅威と緊張が存在する限り」米国が沖縄を保有するという方針は、「ブルー・スカイ・ポジション」と呼ばれ、この後も踏襲されていく。

ダレス声明の内容を、米軍部は強く支持した。米軍部は、奄美返還によって、沖縄返還に向けた「誤解や誤った希望が生まれることを防ぐ」ため、米国が沖縄支配を継続することを明確にする必要があると考えていたのである（JCS Geographic Files 1953-1956, RG218, National Archives）。一方日本側も、沖縄返還の前提条件が自国の再軍備や極東の緊張緩和であることが米国側から示されたことから、この後しばらく沖縄返還を要求しなくなった（宮里『日米関係と沖縄』八五頁）。このように奄美返還は、同時に米国の沖縄長期保有を確定させることになった。日本政府も、極東における緊張という国際情勢や再軍備への消極姿勢のなかで米国による沖縄支配という現状を受け入れた。このようななかで沖縄の米軍基地は拡大していくのである。

沖縄米軍基地の拡大と現地の抵抗

朝鮮戦争休戦後の米軍再編

一九五三年に発足した米国のアイゼンハワー政権は、朝鮮戦争以来増大した軍事費を削減するため、冷戦戦略の全面的な見直しに着手した。ここで推進されたのが、米陸上兵力の削減とともに、核兵器の増強や同盟国との協力強化に重点を置く「ニュールック戦略」である。五三年七月に朝鮮休戦協定が締結されると、五四年四月、統合参謀本部は極東の米軍再編計画を策定し、在韓米軍の陸上兵力の一部や韓国や日本本土に配備されていた海兵隊のどちらかを撤退させることを提案した（李第二章、山本『米国と日米安保条約改定』四三頁）。

こうしたなか、五四年五月、ディエンビエンフーの陥落によってインドシナ情勢が悪化し、同時期に中国による第一次台湾海峡危機が勃発すると、七月、ウィルソン国防長官は、日本本土に配備されていた第三海兵師団のほとんどを沖縄へ移転させることを提案し、国家安全保障会議で承認される。米国防省は、第三海兵師団を台湾や東南アジアに近い沖縄に配備することよって、米軍の柔軟性を高めるとともに自由主義諸国を安心させ、さらに共産主義国に対して米国の決意を示すことを意図していた（山本『米国と日米安保条約改定』四七頁）。

興味深いことに、海兵隊の沖縄移転計画に対し、軍部内からは反対意見が噴出した。極東軍司令部は、沖縄にはすでに陸軍が駐留しており、沖縄に海兵隊を移転させるための場所も費用もないと反対した。統合参謀本部も、費用の観点から海兵隊ではなく陸軍一個師団を沖縄に配備するよう勧告し、海兵隊の沖縄移転に反対する（平良九八〜一〇一頁）。沖縄総領事のジョン・スティーブスも現地情勢を踏まえて海兵隊の沖縄移転に反対した（屋良『砂上の同盟』八六〜八九頁）。

しかしウィルソン長官は、一二月九日、日本本土に駐留する第三海兵師団の一個連隊規模の部隊を早急に沖縄に移転させるよう指示を下した。こうして翌五五年七月、第三海兵師団の第九海兵連隊が大阪のキャンプ堺から沖縄のキャンプ・ナプンジャへ、五六年二月

図11　海兵隊による金武町での訓練（1955年8月，沖縄県公文書館所蔵）

には第三海兵師団司令部が岐阜県のキャンプ岐阜から沖縄のキャンプ・コートニーへ、それぞれ移転する（山本『米国と日米安保条約改定』五二〜五五頁）。なお、新たに海兵隊が拡張しようとした基地は、当時の沖縄におけるすべての米軍基地面積と匹敵する面積であった（平良二〇一二頁）。

ウィルソンが海兵隊の沖縄移転を推進した背景として当時日本国内では反基地運動が激化していたことも重要である。講和後も巨大な米軍基地が存在していることに対して不満が高まり、石川県の内灘《うちなだ》では試射場の接収への反対運動が展開され（内灘闘争）、東京の立川基地の拡張計画に対しても激しい反基地闘争が繰り広げられた（砂川《すながわ》闘争）。五四年

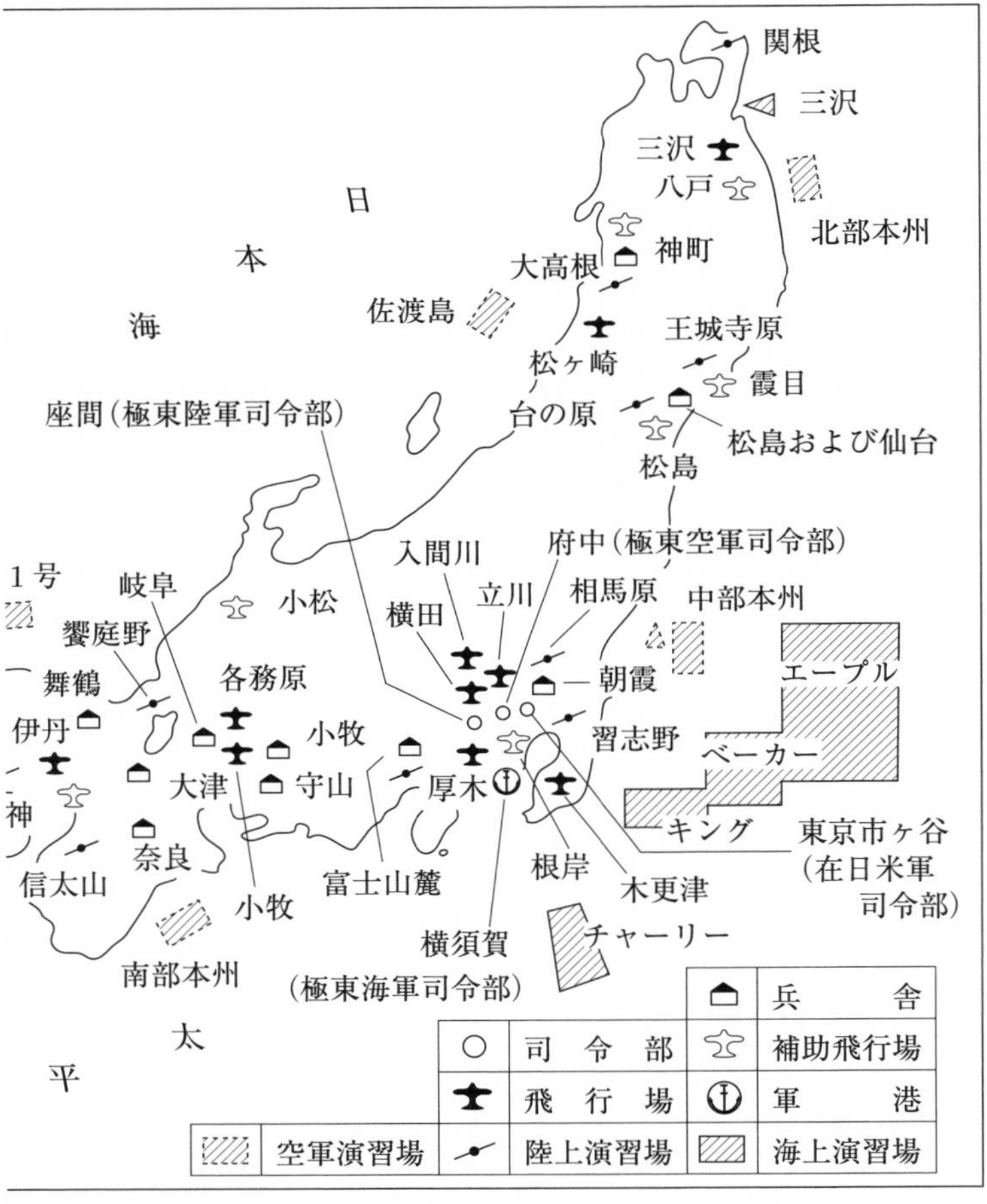

日年鑑』1953年版，林博史『米軍基地の歴史』吉川弘文館，2011年より転載）

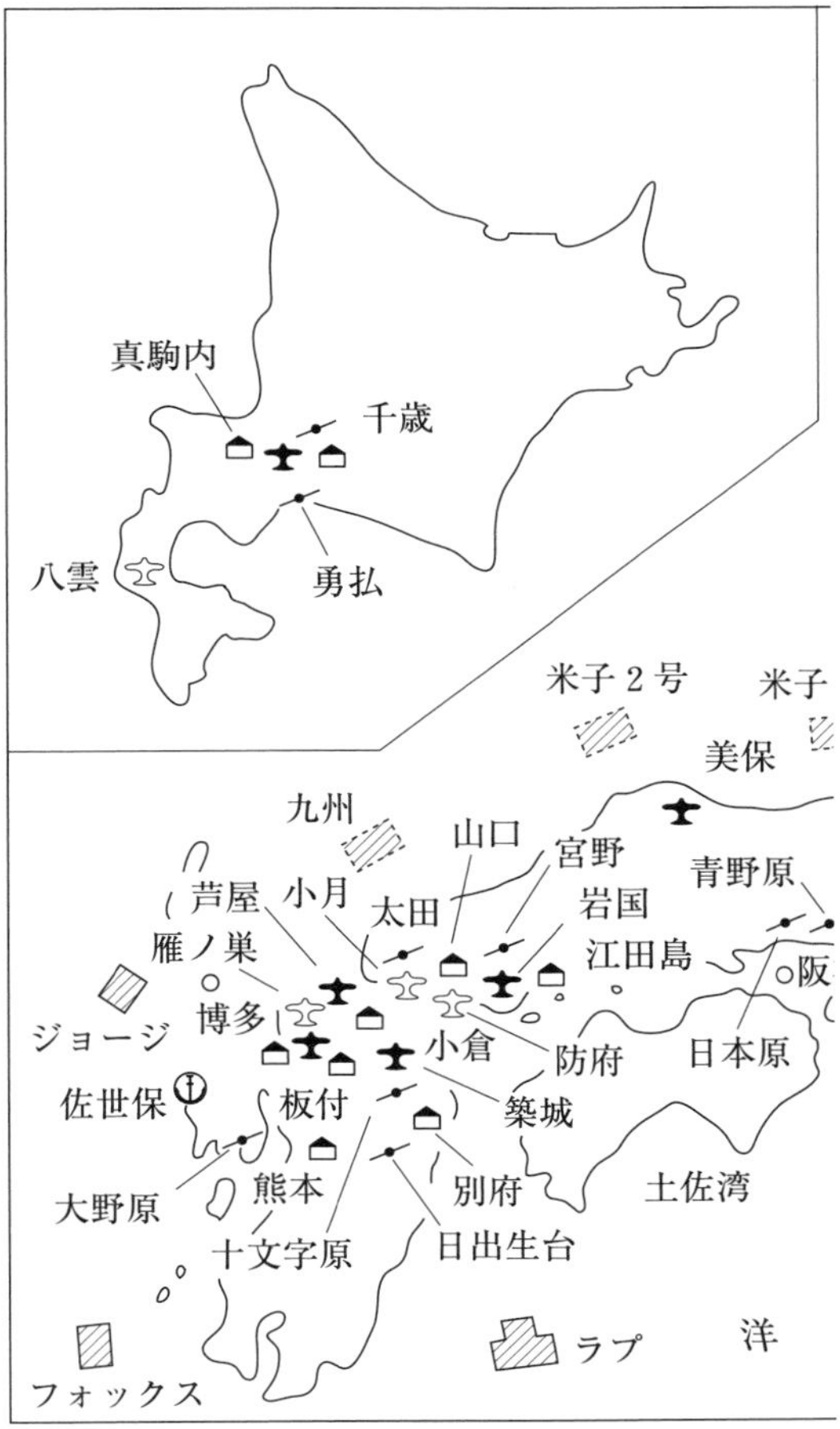

図12　1950年代の日本本土の米軍基地（『朝

三月には、米国によるビキニ環礁での核実験によって日本人漁船が被ばくするという「第五福竜丸事件」が起こり、日本国内では反核兵器感情が高まった。

こうしたなかで米国政府内では、日本が米国から離れ中立主義の方向に進むのではないかという懸念が高まり、対日政策の再検討が進められる。そこでは、在日米軍のなかでも特に陸上兵力の存在は「占領の継続」として日本国民の反米感情の要因となっていると考えられた。五五年四月、アイゼンハワー政権は対日政策文書NSC5516／1を決定し、日本に対する防衛力増強の要求をいったん棚上げして日本の経済復興を優先するとともに、米陸上兵力を日本から撤退させる方針を明確化したのである（中島『戦後日本の防衛政策』一二九〜一三〇頁）。

日本本土の米軍が削減される一方で、米軍が自由に使用できる沖縄の基地は重視されていく。ダレス国務長官は、五四年に発表した論文のなかで、NATOのような集団防衛体制が存在しないアジアにおいて米軍基地は不可欠の存在であり、特に沖縄は「集団安全保障という観点を具現化するための攻撃力を確保する上で必要なもの」と論じた（渡辺『戦後日本の政治と外交』三七頁）。言い換えれば、アジアでは欧州とは異なり、日米・米韓・米比のような二国間同盟が構築されるなかで、沖縄は米軍が自由に使用できる中核的な軍事拠点と位置づけられていく。

なお、核兵器を重視する「ニュールック戦略」のもとで、第一次台湾海峡危機が高まる五四年一二月から五五年初めにかけての時期、沖縄に核兵器が配備されていく。その背景には、日本本土では反核兵器感情の高まりのために米軍が核兵器を配備できないという事情があった（太田六八頁）。こうして沖縄は、それまでの空軍基地としてだけでなく、海兵隊基地、さらに核兵器基地として強化されていくのである（平良一〇五頁）。

米国民政府は、五二年六月、軍用地料の支払い開始を琉球政府に伝達するが、軍用地料の水準が極めて低額であったため、地主の大半は契約に応じなかった。それにもかかわらず、米軍は土地使用を継続する。

米軍の土地接収と軍用地問題

五三年四月には米国民政府は布令一〇九号「土地収用令」を公布し、所有者の同意なしに米軍の判断のみで土地を新規接収することを可能にした。この布令を根拠として、米軍は、五三年四月に真和志村安謝《まわしそんあじゃ》と銘苅《めかる》、同年十二月に小禄具志《おろくぐし》、五五年三月に伊江村真謝《いえそんまじゃ》、同年七月に宜野湾村伊佐浜《ぎのわんそんいさはま》で、「銃剣とブルドーザー」と呼ばれる武力を背景とした土地の強制接収を進めていく。このような基地拡張に対し、沖縄では不満が高まっていった。

五四年三月には、米国民政府は軍用地料の一括払い方針を発表する。これは、米軍の定めた借地料（地価の六％）の一六・六ヵ年分を一度に支払うことで、財政上・行政上のコストを抑え、基地運用を円滑にしようとするものだった（平良第三章）。この方針に対し、多くの沖縄住民は自らの土地が永久に米軍によって奪われるとして強く反発した。四月三〇日、住民の代表機関である琉球立法院が「軍用地処理に関する請願」を全会一致で決議し、一括払い反対・適正補償・損害賠償・新規接収反対という、後に「土地を守る四原則」と呼ばれる内容を要求する。そして五五年五月から六月にかけて、琉球政府の比嘉《ひが》秀平《しゅうへい》主席をはじめとする沖縄の政治指導者たちが訪米し、米下院軍事委員会で基地拡張計画の見直しとともに「四原則」を訴えた。

ところが、沖縄での現地調査を経て五六年六月九日に発表された下院軍事委員会のプライス調査団の報告（プライス勧告）は、住民の期待に反し、米軍による沖縄での土地の新規接収を容認するとともに、軍用地に対する一括払い方針を支持した。報告は、共産主義に対抗するために米国が沖縄を統治し軍事基地を拡張することを正当化したうえで、「琉球列島においては我々が政治的にコントロールを行っている事情と、好戦的な民族主義運動が存しないため（中略）前進軍事基地の長期間使用に対する計画を立案することができ」、「わが原子兵器の貯蔵ないし使用の制限が存在しない」という利点をあげた（中野編一七七頁）。

注目すべきは、沖縄の米軍基地拡張が、日本本土の米軍基地縮小からも正当化されたことである。この頃、国務省の係官は日本の駐米大使館員に対し、プライス勧告について「米国の意図するところは日本からの撤兵のため沖縄における長期駐屯態勢を確立するに

図13　軍用地四原則貫徹大会（1956年6月20日，沖縄県公文書館所蔵）

あり」と説明している（外務省外交記録H二二―〇一八）。メルヴィン・プライス団長も、「日本から米軍を漸次引き揚げると、極東並びに西太平洋の安全を確保するため、沖縄の基地の主要性が重くなってくる。海兵師団も沖縄に移された」と発言した（鳥山二四九頁）。

「島ぐるみ闘争」と日米の反応

沖縄住民のプライス勧告に対する反発はすさまじく、ここからいわゆる「島ぐるみ闘争」と呼ばれる抵抗運動が開始される。六月九日、立法院は緊急本会議でプライス勧告に抗議して「四原則」貫徹の態度を示すことを決議した。一四日には、琉球政府・立法院・市町村会・沖縄県軍用地等地主会連合会（土地連）からなる四者協議会で、議員と関係団体代表者の総辞職が申しあわされた。二〇日には、沖縄六四市町村のうち五六で市町村住民大会がいっせいに開かれ、これらの集会には一六万から四〇万人が参加した。さらに沖縄の代表団が日本本土へ派遣され、住民の意思を日本政府や国民に訴えていく（平良第四章）。

「島ぐるみ闘争」は、土地問題だけでなく、米軍支配に対する沖縄住民の抵抗であった（中野・新崎八五頁）。五五年九月には、六歳の女児が米兵に暴行殺害されるという「由美子ちゃん事件」が起こり、米軍に対する住民の怒りが強まっていた。もっとも「島ぐるみ闘争」は、「四原則」にみられるように、基地反対を要求してはおらず、最低限の「ギリギリの異議申し立て」であり、それにもかかわらず要求が無視されたことに、沖縄住民の怒りは爆発したのである（櫻澤『沖縄現代史』五七頁）。なお、沖縄住民の批判は、日本政府・日本本土の国民にも向けられていた。日本本土から海兵隊が沖縄に移駐することに対し、渡日代表団の一員だった新里善福《しんざとぜんぷく》幹事長は、「本土における米駐留軍のシワ寄せが沖縄に波及している面もあるので日本政府としても日本全体の問題として取り上げていただきたい」と述べている（鳥山二四八頁）。

沖縄における米軍統治や土地の強制接収の実態は、五五年一月に『朝日新聞』が「米軍の沖縄民政を衝く」と題する特集を報道したことで日本本土に伝えられ、大きな関心を集めていた。日本政府も米国政府に対し、沖縄住民の不満や要求を考慮するよう要請している。もっとも日本政府は、一括払い政策の見直しを重視する一方で、新規土地接収に関しては、米国側に強く求めることはしなかった。中川融《なかがわとおる》外務省アジア局長は、「海兵隊の移駐は已むを得ないのであろう」と述べている（平良一四〇頁）。

一方、米国政府内では、アリソン駐日大使が、沖縄の軍用地問題が日米関係全般に与える悪影響を懸念し、一括払い政策の見直しを訴えた（平良一四四〜一四六頁）。しかし沖縄の米軍当局は、沖縄側の要求に対し、強硬な姿勢で臨んだ。八月八日、米軍当局は、基地周辺地域への米兵の立ち入り禁止令、いわゆるオフ・リミッツを発令し、基地に反対する住民に対し経済的に圧力を加えようとした。さらに翌日の八月九日には、琉球大学の学生が基地反対運動に加担しているとして、米軍当局は琉球大学への財政援助打ち切りを通告し、琉球大学は該当する学生を退学処分にする（第二次琉大事件）。

米軍当局の強硬な姿勢に対し、沖縄でも当初みられた軍用地問題への結束は乱れていく。比嘉秀平主席の急死とともに五六年一一月一日に行政主席に任命された当間重剛《とうまじゅうごう》は、経済的観点から一括払いを容認する姿勢を示す。一二月二〇日には、久志村辺野古《くしそんへのこ》の土地所有者たちが、米国民政府と二五四haの土地について契約を結んだ。辺野古の住民たちは、米軍による土地接収を拒否しても、強制的に接収されるだけだと判断し、集落の開発と引き換えに土地契約を結ぶ判断をしたのである。この後、辺野古には米海兵隊のキャンプ・シュワブが建設されていく。また新規土地接収の通告のあった金武町《きんちょう》でも、実態として演習場にされて危険にさらされる一方で経済的なメリットがないことに対し、「金武には弾は落ちるが、ドルは落ちない」といった不満の声があがり、新規接収を受け入れ基地を誘致することが決定された。こうして金武町と宜野座村《ぎのざそん》にはキャンプ・ハンセンが建設される（金武町三三二頁）。

海兵隊の沖縄移駐の再検討

「島ぐるみ闘争」を受けて、米国政府内では、海兵隊の沖縄移転の見直しを求める意見が提起された。五六年七月、スティーブス沖縄総領事は、軍事的観点や土地問題など政治的観点からも、海兵隊の沖縄移転計画には問題があるとして、沖縄に第三海兵師団の施設を建設する計画を変更するよう主張した。彼が米軍関係者から聞いた話では、海兵隊は「機動兵力」として維持されなければならないが、このことは「どこか他の場所に配備されることが可能」であることを意味しており、また「必要な時に頼りになる兵力としてあてにできない」というのである。アリソン駐日大使も完全に同意し、沖縄の米軍高官が「第三海兵師団が沖縄へ移動する賢明さについて軍事的観点から最大限の疑問」を示していたと報告している（Central Files, RG59, National Archives）。

これらの意見を受けて、八月、ダレス国務長官はウィルソン国防長官に対し、海兵隊と海軍による沖縄でのさらなる土地接収を見直すよう主張した（*FRUS1955-1957, Vol. XXIII, Part 1*, Doc. 86）。これを受けて一一月、国防省は海軍長官や空軍長官に対し、海兵隊の配備は進める一方で、当時計画されていた沖縄本島南部の海軍の与那原《よなばる》飛行場の拡張計画を取りやめるよう指示する。その後、五九年四月末に与那原飛行場は返還される一方、空軍が管理していた普天間《ふてんま》飛行場が六〇年五月に海兵隊に移管される。これ以降、普天間飛行場は海兵隊の航空部隊が使用するようになるのだった（林『米軍基地の歴史』一二三～一二四頁）。

五七年四月には、ウィルソン国防長官が大統領補佐官宛に、沖縄にこれ以上の基地を建設するのは賢明でないというアーサー・ラドフォード統合参謀本部長の見解を紹介したうえで、海兵隊は東南アジアの紛争に対処できるようにグアムに再配備することが望ましいと提案する。ウィルソンは、これまで海兵隊の沖縄移転に積極的であったが、「島ぐるみ闘争」など悪化する沖縄現地の政治情勢から、移転実施を疑問視し始めたのである（山本『米国と日米安保条約改定』五八〜五九頁）。実際この時期、海兵隊と賃貸契約を結んだ辺野古の久志村では、兵舎建設工事の中止命令が突然出された。驚いた現地の住民が問い合わせたが、ワシントンで検討中という回答があっただけだったという（当間二五四頁）。

ところが、この少し前に起こった日本本土での事件によって、海兵隊の沖縄への移転が決定づけられる。五七年一月、群馬県相馬原《そうまがはら》で薬莢拾いをしていた日本人の婦人を米兵が銃殺するというジラード事件が起こったのである。このジラード事件に対する日本国内の反発の高まりを受けて、当時、岸信介《きしのぶすけ》首相が訪米を計画するなか、日本政府は米国政府に対して日本からの地上兵力撤退を要請する。五月には、外務省の安川壮《やすかわたけし》欧米局第二課長が、スナイダー駐日大使館書記官に対し、「在日米軍陸上兵力の全撤退」を要請する。これは具体的には陸軍第一機甲師団と第三海兵師団の第三海兵連隊の日本本土からの撤退を意味していた（山本『米国と日米安保条約改定』六一頁）。また、すでに四月には、国務省の担当官が駐米大使館の田中弘人《たなかひろと》参事官に対し、「在日米軍のできる限りの撤収は原則として可能」であり、「沖縄その他へ移駐が可能」と伝えている（外務省外交記録二〇一八年度公開）。

前述のようにすでに在日米地上部隊の撤退は米国政府内では既定路線だったが、日本国内の反米感情のさらなる悪化を避けるべく、アイゼンハワー大統領もただちに対応するよう指示する。こうしたなか、これから新たに基地建設のため軍用地を確保する必要のある海兵隊のグアム移転案は退けられ、すでに辺野古や金武などで軍用地が確保されていた沖縄への移転が進められていく。そして沖縄に集結した海兵隊の戦略的目的は、インドシナ情勢に対応するとともに、西太平洋における全面戦争で局地攻撃に反撃すること、そして戦略的な位置から作戦を即時に実施できるよう即応部隊を前方展開させることだとされたのだった（山本『米国と日米安保条約改定』六一～六五頁）。

六月に岸首相が訪米した際に発表された日米共同声明では、「すべての合衆国陸上戦闘部隊のすみやかな撤退」が明記され、これに基づいて日本本土の海兵隊が沖縄へ移転することになる。当時の沖縄では、「共同声明で米軍の早期本土撤退が記された結果それが沖縄へのシワ寄せとなって現はれはしないかとの危惧」が存在していた（外務省外交記録H二二―〇一五）。実際に、日本本土での反基地運動の高まりや日本政府による米地上兵力撤退要求によって、海兵隊は沖縄へ移転し、沖縄への米軍基地集中が決定づけられていくのである。

なお、五七年七月、極東軍の再編によって、東京にあった極東軍司令部はハワイの太平洋軍司令部に統合されることになった。これとともに沖縄統治の責任者も極東軍司令官が兼務していた民政長官から、国防長官直轄の高等弁務官となり、琉球軍司令官が兼務することになる。また米国による統治の長期化を目指して、沖縄では五八年九月にはB円からドルへの通貨転換が行われる。

安保改定と沖縄

岸訪米と沖縄返還問題

一九五七年二月に首相に就任した岸信介は、日本を「占領体制」から脱却させ、日米安保条約の改定や憲法改正による「独立の完成」を実現することを目標とした。首相就任後、岸は六月に訪米することを計画する。岸の狙いは、「いままでの占領時代の色を一掃して日米間の相互理解、相互協力の対等関係をつくり上げる」ことであり、そのための具体的課題が、「安保条約の改正と沖縄問題」であった（原編一六九～一七〇頁）。

訪米に向けて、岸は四月以降、駐日大使のダグラス・マッカーサー二世と日米関係全般についての予備会談を行い、安保改定や領土問題などを提起している。沖縄について岸は、

図14　岸信介（首相官邸HP）

四月一三日の会談で、「沖縄の内部の情勢は、現在の状態のままで推移すれば、時とともに悪化していく」と懸念を示し、一〇年後の日本への施政権返還を求めた（外務省外交記録二〇一八年度公開）。

この提案のもとになるメモを作成した外務省の中川融アジア局長は、三月にまだ混乱のさなかの沖縄を視察し、現地で軍用地問題や日本復帰運動が強まる一方で、「米側に即時返還の意志がなく、又率直にいって仮に軍事基地はそのままにして施政権を日本に返還した場合共産党や社会党の基地反対運動はもう烈となるべく日米間の摩さつは却って激化する懸念がある」と考えていた。それゆえ中川は、軍用地問題の解決のためにも「米側の沖縄施政に期限を明定し（例えば今日より一〇年または一五年間）そのうえでそれまでの準備期間においてもできるだけ日琉関係を緊密化する方法を考える」ことを提案したのである（外務省外交記録H二二―〇一二）。中川は、米国側に対しても「沖縄と日本の双方で復帰運動を止め、沖縄に関する全般的な情勢を安定化させる最善の方法」として、一〇年後の沖縄返還を提起している（Central Files, RG59, National Archives）。

しかし五月一五日の会談で、マッカーサーは岸に対し、沖縄の「施政権の行使について期限をつけることも直ちに返還することも可能であるとは思わない」と述べた。彼によれば、必要に応じて展開できる「自由な機動的攻撃力」が必要であり、沖縄で施政権を分離して有効な軍事基地を維持することはできないというのだった（外務省外交記録二〇一八年度公開）。また米軍部も、沖縄では核兵器の配備や刑事裁判権で特権が認められているが、沖縄の日本への施政権返還は米軍の権利の制限を招くとして反対した。さらに、米軍基地への反発の強い日本から米軍が撤退する可能性があるなかで、「もし沖縄を日本に返還した場合、最終的には沖縄から米軍が撤退する必要が生じるかもしれない」と懸念していた（JCS Geographic Files 1957, RG218, National Archives）。

六月に訪米した岸は、アイゼンハワー大統領との会談で、沖縄について「同島における米国の基地が極東における安全保障のため必要なことは十分わかるも、軍事基地として必要であるが故に施政権全部をゆだねねばならぬというのは了解し難い」と強調した。そのうえで米国による「施政権が無期限であるため、日本国民は米国民の意図に不安をいだかざるをえない」と述べ、米国の沖縄への施政権に期限を設定することを暗に求めた。また「沖縄に問題が発生すれば、問題は八〇万人に限らず、九千万の全日本国民へ及んでくる」と述べるとともに、沖縄の軍用地問題の早期解決を要請している（外務省外交記録H二二五―〇〇三）。

岸はダレス国務長官やラドフォード統合参謀本部議長との会談でも、日本国民の沖縄返還への願望を説明した。しかしラドフォードは、もし日本の政治的利益になるなら日本からすべての米軍を撤退させることは可能だが、「この理由のため、小笠原と琉球の戦略的地位を変えることはできない」と述べている（*FRUS 1955-1957, Vol. XXIII, Part 1*, Doc. 186）。

結局、六月二一日に発表された日米共同声明では、沖縄について「日本がこれらの諸島に対する潜在的主権を有する」ことが確認される一方、「脅威と緊張の状態が極東に存在する限り、合衆国はその現在の状態を維持する」という米国側の方針が明記される。沖縄への日本の「潜在主権」が日米共同声明で明示されたのは初めてのことだったが、沖縄統治に期限を設定しようとした日本側の試みは挫折し、むしろ長期的な米国の沖縄統治方針が確認されることになった。沖縄現地でも、「沖縄の早期返還の望みはついえた」と失望が広がった（外務省外交記録H二二―〇一五）。これ以降、日本政府は沖縄返還そのものではなく、再び沖縄統治への関与拡大や施政権の部分返還を米国側に要求するようになった。しかし、九月に訪米した藤山愛一郎《ふじやまあいいちろう》外相がダレスに沖縄の教育権の返還を求めたが、ダレスは教育権だけ切り離すことはできないと拒否している（外務省外交記録H二五―〇〇三）。

岸のもう一つの課題である安保改定についても、五七年の訪米では大きな成果はなかった。この時期、米国政府内で安保改定の必要性自体は認められつつあったが、まだ交渉は始めるべきではないと考えられていたのである（坂元一八九～一九〇頁）。

安保改定の始動と沖縄政策見直し

五八年になると、米国政府は、対日・対沖縄政策の見直しを開始する。そのきっかけになったのが、一月のダレス国務長官のメモだった。ダレスは、このままでは日本と沖縄における現在の米国の姿勢を継続できないと危機感を示したのである（坂元一九一～一九三頁）。

ダレスの懸念の一つは、沖縄情勢だった。沖縄では、五六年一二月、米国統治に抵抗し日本復帰を唱える人民党の瀬長亀次郎《せながかめじろう》が那覇市長選挙で勝利したが、五七年一一月に米国民政府の工作によって失脚していた。しかし、五八年一月一二日に再び行われた那覇市長選挙で瀬長の支援を受けた兼次佐一《かねしさいち》が圧勝し、この結果は沖縄の反米感情の高まりを示すものとして米国政府に大きな衝撃を与えた。

ダレスのもう一つの懸念は、五七年一〇月のソ連による世界初の人工衛星スプートニクの打ち上げ成功であった。これはソ連の科学技術、特にミサイル技術の優位を示すものと国際的に受け止められ、米国の海外基地や同盟関係にも大きな影響を及ぼすと考えられた。一二月、アイゼンハワー大統領に提出された、海外米軍基地を包括的に分析した「ナッシュ・レポート」の全体報告書では、ソ連のミサイル能力の向上から、極東の米軍基地の軍事的・政治的脆弱性が指摘され、基地の分散移転が提言された。特に在日米軍基地は、日本が核戦争に巻き込まれることを恐れて有事の際に使用できないとされ、基地の移転か安保改定による対日関係安定化が提言されている。沖縄についても、米軍基地の集中により攻撃に対して脆弱だとして、基地の分散移転や核ミサイル発射基地の設置が提言された。米軍部もこの「ナッシュ・レポート」への対応を迫られていく（山本『米国と日米安保条約改定』一二八〜一三八頁）。

ダレスのメモをきっかけとして、国務省内で対日・対沖縄政策が見直されるなかで浮上したのが、沖縄の軍用地料の一括払い方針の見直しによる軍用地問題の解決、「飛び地」での沖縄の日本への施政権返還、そして日米安保条約の改定という三つの方策である。特に前二者の沖縄政策の見直しは、アイゼンハワーが「日本、特に岸とのより良い関係を発展させることを助けるため、できれば迅速にこれを形にするよう努力するべき」と述べて推進させようとした（Central Files, RG59, National Archives）。同時期、日本側も、朝海浩一郎《あさかいこういちろう》駐米大使がロバートソン国務次官補に対し、「沖縄の事態を放置することは日米友好関係のため遺憾なこと」だとして、国務省主導での沖縄政策の見直しを度々求めている（外務省外交記録H二二―〇一八）。

軍用地問題については、国務省が、軍用地料の一括払い方針に固執する国防省・軍部を対日関係の安定化という観点から説得し、五八年四月一一日、ジェームス・モーア高等弁務官が一括払い方針の見直しを発表する。六月末、沖縄から安里積千代《あさとつみちよ》立法院議長や当間重剛主席らがワシントンを訪問して米国側と折衝した結果、土地の新規接収は黙認されたものの、一括払い方針の廃止と大幅な軍用地料の値上げが合意され、ついに軍用地問題は解決した。軍用地の賃貸料は毎年払いとなり、五年前の約六倍に引き上げられる（平良第五章）。

沖縄の「飛び地」返還は、沖縄にある米軍基地を数ヵ所に集約したうえで、米軍基地のない地域の施政権を日本に返還するというものだった。ロバートソン国務次官補は、日本や沖縄におけるナショナリズムや復帰運動の高まり、さらに国際的な反植民地主義の気運への危惧から、米軍基地の自由使用を認めたうえでの「飛び地」返還が望ましいと主張し、アイゼンハワーやダレスも支持した（我部『日米関係のなかの沖縄』一二一〜一二四頁）。しかし、マッカーサー大使は、現在の日本の政治状況では沖縄米軍基地の自由使用は不可能であり、日本政府も即時の施政権返還を望んでいないとして反対する（*FRUS1958-1960, Vol. XVIII*, Doc. 9）。軍部も、沖縄の戦略的重要性とは外国の主権のもとで政治的制約を受けずに自由に使用できることであり、政治的に不安定な日本への施政権返還は、米国の戦略的立場を深刻に悪化させると主張した（*FRUS1958-1960, Vol. XVIII*, Doc. 12）。

結局ダレスはアイゼンハワーに、「飛び地」返還を即時実施するのではなく、この計画を三年から五年かけて軍部に検討させるよう提案し、アイゼンハワーも同意した。しかし五九年六月、ドナルド・ブース高等弁務官は、「飛び地」返還について否定的な評価を報告した。彼によれば、沖縄米軍基地の統合計画は、膨大な経費がかかるとともに、住民の移動が必要となり、しかも基地が集約されることで攻撃に対し脆弱になるとして軍事的にも問題があるというのだった。これを受けて一一月三〇日、アイゼンハワーもこの案の実行を断念する（平良二〇六〜二〇七頁）。

一方、安保改定は、マッカーサー大使が五八年二月の電報で提起したことによって政府内で検討されていく。マッカーサーは、日本が海外派兵をすることなく、基地を米軍に提供するのみで日米の相互的な安保条約をつくることは可能だと提唱した（坂元一九九五〜一九九頁）。軍部も、在日米軍基地の安定的維持のためには日本の政府や国民の支持が不可欠だという考えから、安保改定を受け入れる。軍部が安保改定を受け入れた背景には、日本本土の米軍基地の役割の再定義がこの時期なされたという事情があった。軍部は、日本本土の米軍基地の役割を基本的には兵站《へいたん》・補給基地と位置づけ、その役割を限定した。その一方で、沖縄の米軍基地は、海兵隊や空軍の配置によって出撃基地として役割を増大させたのである（山本『米国と日米安保条約改定』一四四〜一四五・一五七〜一五九頁）。

七月三〇日、マッカーサー大使は、現行の憲法下で、自衛隊の海外派兵を必要としない形での全面的な安保改定が可能であることを藤山愛一郎外相に示唆する。これを受けて八月二五日、岸首相は、全面的な安保改定交渉を行うことをマッカーサーに伝えた。そして九月の藤山外相とダレスとの会談によって安保改定交渉が開始されるのである。なお、ここで藤山は、「施政権返還の問題には言及しない」としつつ、沖縄のために日本が何かすることが重要だとして、「当面経済援助が必要」だと述べ、ダレスも協議すると応えている（外務省外交記録H二二五—〇〇三）。この後、沖縄への経済援助を通して日本政府の沖縄統治への関与が増大していくことになる。

安保改定交渉の展開

五一年に締結された旧安保条約は、日本が米国に基地を提供するにもかかわらず、米国が日本を防衛する義務がなく、しかも米軍が自由に在日基地を使用できたことから、日本国内では不平等だとして批判が強かった。それゆえ安保改定交渉では、米国の日本防衛義務を明記することや米軍の基地使用について事前協議制度を導入することが重要な争点となった。同時に、どの地域まで条約が適用される条約区域とするかも重要だった。この条約区域に沖縄・小笠原諸島を含むかどうかをめぐって激しい議論が展開される。

米国政府内では、マッカーサー大使がすでに安保改定を最初に提起した五八年二月の段階で、沖縄を日米共同の防衛地域とすることを提案していた（原一一〇～一一二頁）。マッカーサーは、沖縄を条約区域に入れることで、日本本土以外の地域の相互防衛への日本の責任増大につながると考えたのである（*FRUS1958-1960, Vol. XVIII*, Doc. 15）。こうして一〇月四日に米国側が日本側に提示した条約草案では、条約区域は「太平洋地域」とされ、沖縄・小笠原も含まれていた。もっとも軍部は、沖縄を条約区域に入れることで、米国の沖縄統治への日本の関与増大につながることを警戒した（JCS Geographic Files 1958, RG218,

National Archives)。

一方、日本側でも、沖縄・小笠原を条約区域に含むかどうかについても意見が分かれていた。日本政府はこの時期、沖縄返還を要求したり、安保改定と沖縄返還を関連づけたりするつもりはなかった。外務省内では、安保改定交渉の前提として、「現下の国際情勢の下に於ては沖縄に強力な基地があることが自由陣営の為め必要であるとの事実を明らかにし、沖縄の米軍施設には我方は干与せざる立場を堅持する必要がある」と考えられていたのである（外務省外交記録二〇一〇―六二二六）。

そのうえで、アメリカ局の東郷文彦《とうごうふみひこ》安全保障課長は、片務的な旧安保条約を双務的な条約にするうえで、沖縄・小笠原を条約区域に含むことは「当然のこと」と主張した（東郷七九頁）。しかし、アメリカ局の田中弘人参事官は、米国の戦略拠点である沖縄を条約区域にすれば日本が米国の戦争に巻き込まれるという批判が国内で生じる可能性から慎重であった。条約局も、沖縄を条約区域に含むことは憲法上認められるが、個別的自衛権の対象として沖縄を含む場合は、「まず米国が沖縄から手を引いて、施政権が日本に返還されなければならない」し、相互防衛のための集団的自衛権の対象としてこれを含む場合は、「日本は沖縄の施政権返還を当分（少くとも条約の確定有効期間は）あきらめたということを、公に認めることになる」というそれぞれの問題点を指摘した（外務省外交記録二〇一〇―六二二六）。

日本国内でも、安保改定への注目が集まり、国会論議も激しさを増してく。こうしたなか、岸首相は、一〇月三一日、沖縄・小笠原を条約区域に含むことが可能になれば、米国の「施政権はそれだけへこむ」と答弁し、野党を説得しようとした。ところが、米国駐日大使館は沖縄返還が争点化されることを警戒した（河野「日米安保条約改定交渉と沖縄」四五九〜四六〇頁）。特に軍部は、米軍の自由使用が妨げられることに反発し、沖縄を条約区域から外すよう求めた（JCS Geographic File 1958, RG218, National Archives）。

一一月七日、マッカーサー大使は藤山外相との会談で、日本の国内論議を踏まえると沖縄・小笠原を条約区域に含めるべきでないと論じた。「施政権返還はまだ遺憾乍ら具体的に考へ得る時期ではない」ので、「沖縄小笠原を含めることが施政権返還とのバーゲンになると云ふ様な印象を以て日本で受け取られるならば之を含めない方がいい」というのだった（外務省外交記録二〇一〇―六二二六）。藤山も一一月二八日、マッカーサーに沖縄を条約区域に入れない方針であることを伝える。藤山によれば、沖縄を条約区域に含むことについて、日本国内の保守政治家からは、沖縄に米軍が核兵器を持ち込む自由が妨げられて日本の安全保障に悪影響を及ぼすとの批判が、社会党からは、米華・米韓・米比といった相互防衛条約に日本を引き込むことになるという批判がでていたのである（*FRUS1958-1960, Vol. XVIII*, Doc. 35）。

もっとも、このような日本国内の議論については、沖縄では不満の声も上がっていた。地元紙によれば、日米安保条約に沖縄を含めることに反対する議論は、「火中の栗になる沖縄のためにけがをしたくない」というもので、戦争になった場合は沖縄住民だけを犠牲にして日本国民はこれを傍観するものにほかならないというのである（古関・豊下二二五頁）。

なお、この後も安保改定交渉のなかで日本側は、沖縄・小笠原は新安保条約の適用外だが、日本が「潜在主権」を有し島民の安全と福祉に関心を持っていることを示したいとして、「合意議事録」の作成を米国側に持ち掛けた（外務省外交記録二〇一〇―六二二六）。しかし、米軍部が、日本や沖縄の復帰運動に力を与えるだけだと強く反対し、結局実現しなかった（JCS Geographic Files 1959, RG218, National Archives）。

日米交渉を経て、六〇年一月、新日米安保条約が調印される。日本国内では安保改定に対する激しい反対運動が展開されたが（安保闘争）、六月一九日に同条約は国会で成立、

図15　沖縄県祖国復帰協議会結成大会（1960年4月28日，沖縄県公文書館所蔵）

岸はこれとともに退陣する。新安保条約には、米国の日本防衛義務が明記されるとともに、日本に核兵器を持ち込む場合や在日基地から米軍が日本以外の地域へ戦闘作戦行動のために出撃する場合の事前協議制度が導入される。「物と人との協力」としての日米安保の構造に変化はなかったが、事前協議制度が導入されたことで、日本本土の米軍基地使用は制約されることになり、その結果、米軍部にとって沖縄基地の戦略的価値は相対的に高まった。言い換えるならば、沖縄の米軍基地の自由使用があったからこそ、安保改定は可能になった（河野『沖縄返還をめぐる政治と外交』一八四～一八五頁）。

沖縄では、沖縄の日本復帰よりも安保改定が優先されたことへの不満や懸念が高まった。日本復帰を推進するべく、六〇年四月二八日、沖縄教職会など一七の団体によって沖縄県祖国復帰協議会（復帰協）が結成される。復帰協は、沖縄の日本復帰によって平和主義・基本的人権の尊重を掲げる日本国憲法の適用を受けることが必要であると訴えた。なお、五九年六月三〇日には、嘉手納《かでな》基地の米戦闘機が石川市（現うるま市）の宮森《みやもり》小学校に墜落し一七人が亡くなるという事件が起こっている。

米軍基地の集中化

ここまでみたように五〇年代、米軍にとって沖縄の重要性は高まり、沖縄の米軍基地は大きく拡張された。まず沖縄では、核ミサイル基地が強化され、五九年一月には高空迎撃ミサイル「ナイキ・ハーキュリーズ」が配備、六〇年五月には戦術地対地巡航ミサイル「メースB」の配備が発表される（我部『日米関係のなかの沖縄』一三四頁）。六〇年代には沖縄には一二〇〇発以上の核兵器が配備され、沖縄はアジアで最大の「核弾薬庫」だった（大田六三頁、松岡）。

さらに、五四年以降移駐した海兵隊によって、キャンプ・シュワブ、北部訓練場、キャンプ・ハンセンが構築され、また普天間飛行場も海兵隊に移管される。こうしてこの後も続く海兵隊を中心とする沖縄の基地の姿ができあがっていった。この間、沖縄の基地面積は、五一年の一万二四〇〇haから六〇年の二万九〇〇haへと一・七倍に拡張された（林『米軍基地の歴史』一二五頁）。駐留兵力も五三年の約二万三〇〇〇人から六〇年九月の約三万七〇〇〇人へと増加する。そのなかでも特に海兵隊は、五五年に約六〇〇〇人が初めて沖縄に配備された後、六〇年には約一万五〇〇〇人まで増大した。

沖縄の米軍基地の強化は、日本本土の米軍基地の変容と連動していた。まず、日本本土の米軍基地は、当時の朝鮮戦争休戦後の米軍再編によって兵站・補給基地としてその役割は低下し、日本本土の米軍の基地と兵力は大幅に削減された。また、安保改定によって日本本土の米軍基地の使用に制約が加わることになった。日本本土の米軍基地の縮小と沖縄の米軍基地の拡大によって、日本本土の米軍基地面積と沖縄の米軍基地面積は同規模になり、沖縄への米軍基地の集中が進んだのである。

池田・ケネディ時代の沖縄政策

六一年に発足した米国のジョン・F・ケネディ政権は、共産主義国に対してその脅威に応じて通常兵力から核兵力まで段階的に対抗するという「柔軟反応戦略」を採用する。この戦略のもとで、沖縄の基地は、ゲリラ部隊から核兵器まで多様な兵力が配備され、かつ米軍が自由に使用できるため、特に東南アジアの危機に備えて前方基地として重視された。六〇年四月には、特殊作戦を行う陸軍の第一特殊部隊が沖縄に配備され、空軍の嘉手納基地には、六二年一〇月以降、戦闘機F100に代わって水爆積載可能なF105D三個中隊（七五機）が配備される（阪中四六〜四八頁）。沖縄北部の北部訓練場では、六二年頃から第三海兵師団がベトナムでのゲリラ戦闘のための訓練を本格化させる（森三九四〜四〇一頁）。こうして沖縄の米軍は六〇年には約三万七〇〇〇人であったが、六四年には四万六〇〇〇人へと増強された。

一方日本では、安保闘争による国内の混乱を経て六〇年七月に池田《いけだ》勇人《はやと》政権が発足し、国内政治と日米関係を安定化させ、高度成長を推進していく。こうしたなか池田は、沖縄の米軍基地が安全保障上重要だと認識していた。六一年六月に訪米した池田は、沖縄米軍基地がベトナムやラオスの情勢にとって重要だとするケネディの説明に理解を示すとともに、日本本土では核兵器への反対運動が強いので、「そのような兵器の基地として、沖縄における米国の立場を維持する必要性を十分に認識している」と述べた（*FRUS1961-1963, Vol. XXII*, Doc. 338）。

池田政権の沖縄政策は、米国側に沖縄返還を直接要求するのではなく、当時の日本の高度成長を背景に沖縄への経済援助の拡大によって現地住民の民生向上を目指すというものだった。その目標は、「将来沖縄の施政権が返還される際に必要となる変革を出来るだけ少くするために漸進的に準備を進める」ことであり、吉田政権以来の米国による沖縄統治への日本の関与拡大という政策を軌道に乗せようとするものだった。その背景には、「現在施政権の返還を要求することは無理であり、また仮りに返還されてもむしろ日本側が困る」（池田側近の宮澤喜一《みやざわきいち》国会議員）という考えがあった（外務省外交記録第一四回公開）。

ケネディ政権も日本政府の方針を受け入れていく。六一年六月の池田・ケネディ会談後に発表された日米共同声明では、沖縄は「米国の施政下にあるが、同時に日本が潜在主権を保有する」と明記され、しかも米国側は「琉球住民の安寧と福祉を増進するため」の「日本の協力を歓迎する」と謳われた。その後ケネディは六二年三月、沖縄が日本の一部だと認めたうえで、沖縄住民の福祉向上のために日米が協力するという、沖縄新政策を発表する（河野『沖縄返還をめぐる政治と外交』第七章、宮里『日米関係と沖縄』第六章）。

ところが、ケネディ新政策に対し、沖縄統治の責任者であるポール・キャラウェイ高等弁務官は、ワシントンの方針を無視して日本政府の関与を排除しようとした。またキャラウェイは、琉球政府の法案拒否や人事介入といった強権的な統治政策を進めた。キャラウェイは、六三年三月、米軍統治下での沖縄では「自治権は神話」だと演説している。これに対し、沖縄現地だけでなく日本国内でも反発が高まる。沖縄では、六二年二月に立法院が「施政権返還に関する要請決議」を全会一致で可決し、米国統治の正当性が批判されていた。こうして六〇年代半ばには、米国の沖縄統治への沖縄住民の反発が高まっていた。それとともに、吉田政権以降、日本政府が追求してきた米国の沖縄統治への関与拡大という政策も根本的な見直しを迫られていたのである。

米軍基地のさらなる集中と固定化

沖縄返還とその後

沖縄返還合意への道

ベトナム戦争と日本国内の反発

一九六〇年代半ば、アジアの国際情勢は緊迫化した。六四年一〇月には中国が初の核実験を行い、六五年二月には米軍がベトナムへの本格的な介入を開始する。こうしたなかで沖縄の米軍基地の軍事的重要性は高まった。

特にベトナム戦争において、沖縄は出撃・補給・訓練の拠点として重要な役割を果たした。六五年三月には、ベトナムに投入される初の米陸上実戦部隊として沖縄を拠点とする第三海兵師団の部隊約三五〇〇人がダナンに上陸し、五月には第三海兵師団司令部がダナン空軍基地へ移転する。沖縄では、北部訓練場でベトナムでのゲリラ訓練が行われ、牧《まき》港《みなと》補給地区はあらゆる物資が運搬される中継基地となった。出撃や補給で重要な役割を果たしていた嘉手納《かでな》基地は、六七年五月に二本の滑走路が全長三二五〇メートルまで拡張され、極東最大の空軍基地となった。

佐藤栄作《さとうえいさく》が六四年一一月に首相に就任したのは、このような時期であった。吉田茂の政治的弟子であり岸信介の実弟でもある佐藤は、同年七月の自民党総裁選出馬の際、現職の池田勇人《いけだはやと》に対抗するべく、沖縄返還を米国側に要求すると明言した。首相就任直後、佐藤は六五年一月に訪米し、リンドン・ジョンソン大統領との会談で「沖縄における米軍基地の保持が極東の安全のため重要」だと述べつつ、「施政権の返還が沖縄住民のみならず、日本国民全体の強い願望である」と強調した（外務省外交記録第二二回公開）。六五年八月には、佐藤は戦後首相として初めて沖縄を訪問し、「私は沖縄の祖国復帰が実現しない限り、わが国にとって「戦後」が終わっていないことをよく承知しております」と述べる。

図16　佐藤栄作（首相官邸 HP）

もっとも外務省はこの時期、沖縄返還に慎重だった。下田武三《しもだたけぞう》外務次官は、佐藤の演説について、当時の国際情勢を背景に、「晴天の霹靂《へきれき》」だと感じたと回想している（下田『戦後日本外交の証言 下』一五七頁）。下田の考えでは、日本の安全保障は、日本国憲法第九条・日米安保条約・米国による沖縄統治の三つの柱から成り立っており、米国統治による沖縄米軍基地の自由使用は日本の安全保障上不可欠のものであった（枝村四五頁）。

しかし、ベトナム戦争とそのために沖縄や日本本土の米軍基地が使用されたことに対し、日本国内や沖縄現地では反発が高まっていく。日米両政府は、七〇年に日米安保条約の期限がくる際に六〇年の安保闘争のような混乱が再発することを回避し、日米関係を維持するためには沖縄返還問題を解決する必要があると考えるようになったのである。

米国政府では、エドウィン・ライシャワー駐日大使が、六五年七月、沖縄をめぐって日米関係が悪化することへの懸念を示し、これをきっかけに沖縄についての研究グループが設置され検討が進められた（宮里『日米関係と沖縄』第七章、我部『沖縄返還とは何だったのか』第二章）。特に国務省のリチャード・スナイダー日本部長や国防省のモートン・ハルペリン国防次官補代理が沖縄返還に向けた議論をまとめていく。しかし軍部は、中国や東南アジアの情勢から、米国の安全保障にとって「琉球の軍事基地の使用における無制限のアクセスと行動の自由が不可欠」だとして、沖縄返還に強く反対した（*FRUS1964-1968, Vol. XXIX, Part 2, Doc. 89*）。

日本政府内では、外務省が六七年以降、沖縄返還問題の解決を目指して米軍基地のあり方について検討を進めた。そして沖縄米軍基地について、「極東地域に局地戦争が勃発した場合、海兵隊や戦闘爆撃機が即刻発進しうる態勢にあることが有効な抑止力として存在するためきわめて重要」である一方、ポラリス潜水艦や大陸弾道ミサイルなど兵器の進歩によって「戦略核兵器を沖縄に配置する必要はなくなった」と結論づけ、核兵器は撤去し、戦闘作戦行動のための基地の自由使用は認めたうえでの沖縄返還を構想する。もっともこの構想については、佐藤が国内世論に受け入れられないと判断し退けた（外務省「密約」調査関連文書）。

六七年一一月、佐藤は沖縄返還問題の進展を目指して訪米する。ジョンソン大統領と会談した佐藤は、ベトナム戦争の泥沼化に苦しむ米国側の要求に応え、東南アジアへの経済援助の増大など日本による対米協力を拡大することで、沖縄返還合意の時期について目途をつけるよう求めた。事務レベルとは別に、佐藤の「密使」である京都産業大学の若泉《わかいずみ》敬《けい》が大統領補佐官のウォルト・ロストウと交渉を進めた。こうして会談後に発表された日米共同声明では、小笠原返還の合意に加え、「両三年内」に沖縄返還の時期について決定することが明記された。これは、沖縄返還の進展を目指す日本側と基地の条件について合意しない限り返還を確約しない米国側との妥協の産物ではあったが、米国側が沖縄についての「ブルースカイ・ポジション」を取り下げたことには大きな意義があった（河野『沖縄返還をめぐる政治と外交』二五〇〜二五七頁、中島『沖縄返還と日米安保体制』七五〜一〇一頁、野添『沖縄返還後の日米安保』一八〜一九頁）。

日米の交渉方針

翌六八年には、沖縄返還に向けた動きはさらに加速していく。その背景にあったのは、六八年に起こった国内外の動きであった。まず、二月の北ベトナム軍によるテト攻勢や米国社会での反戦運動の盛り上がりを受けて、米国政府はベトナム戦争への関与や冷戦戦略全体の見直しを余儀なくされる。また日本国内では、一月には米原子力空母「エンタープライズ」が長崎県の佐世保《させぼ》に寄港、六月には福岡県の板付《いたづけ》基地から発進した戦闘機Ｆ４Ｃが九州大学構内に墜落し、米軍基地への反発が強まった。

また沖縄では、一月にベトナム戦争のためにグアムから核兵器搭載可能な米爆撃機Ｂ52が嘉手納基地に常駐し、現地の反対が盛り上がる（秋山『基地社会・沖縄と「島ぐるみ」の

運動』)。一一月一一日には初の琉球政府行政主席公選が行われ、革新陣営が支援し沖縄の日本への即時無条件復帰を主張する屋良《やら》朝苗《ちょうびょう》が、自民党が支援し漸進的な日本復帰を掲げる西銘《にしめ》順治《じゅんじ》を破って勝利した。さらに一一月一九日には、嘉手納基地から離陸したB52が嘉手納弾薬庫付近に墜落爆発するという事件が起きる。こうしたなかで米国政府内では、このままでは沖縄だけでなく日米関係をも損なうかもしれないという危機感から、六九年中に沖縄返還について合意することは不可避だという認識が広がる（*FRUS1964-1968, Vol. XXIX, Part 2*, Doc. 138)。

図17　屋良朝苗（沖縄県公文書館所蔵）

なお六八年には、ベトナム戦争に伴って増大する国防費の削減や日本国内の不満の鎮静化のため、米国政府内では、在日米軍基地の縮小が検討される。沖縄についても、普天間《ふてんま》飛行場の閉鎖や海兵隊支援部隊の撤退なども提案された。ところがこの計画は、軍部の反対によって挫折し、むしろ普天間飛行場はこの後、神奈川県の厚木《あつぎ》基地からヘリコプター部隊が移転することによって強化されていく（川名「一九六〇年代の海兵隊『撤退』計画」）。

日本政府内でも、六八年の情勢は特に日米関係の危機として受け止められた。外務省は、次期大統領が誰であれ、「ヴィエトナム後のアジアの安全保障問題が再検討され、米国は一国のみで介入するのを避けるためアジア諸国の自助と地域的責任分担を従来以上に強く要請してくる」と予想し、地域の安定のため「米国がアジアにとどまる」よう説得する必要があると考えている。また沖縄については、保革を超えて現地住民が返還の時期を切実に求めてくることを予想し、対米交渉に「全力を傾けるべき」と考えられた（外務省外交記録H二二―〇一一）。

六九年一月、米国ではリチャード・ニクソン政権が発足する。ニクソン大統領は、ヘンリー・キッシンジャー大統領補佐官とともに、ベトナム戦争の苦境などで揺らぐ米国の国際的優位を維持するため、冷戦戦略の見直しに取り組んだ。その際重要だったのが、ソ連や中国といった共産主義国との緊張緩和と、同盟国との関係強化であった。同盟関係の強化の一環として、対日政策についても再検討が行われ、五月には対日政策文書NSDM13が決定される。ここで日米関係の安定のために沖縄返還に合意することが決定されるが、その条件として朝鮮半島・台湾・ベトナムに対する沖縄基地の最大限の自由使用を保持すること、沖縄から核兵器を撤去するものの、有事には再び持ち込む権利を獲得することがあげられた。

日本国内ではこの時期、沖縄から核兵器を撤去するとともに、日本本土と同様に日米安保条約、特に事前協議制度を沖縄米軍基地に適用するという「核抜き・本土並み」での沖縄返還への要求が高まっていた。特に沖縄に配備された核兵器をどうするかは注目され、佐藤も六八年一二月の衆議院予算委員会で、「核兵器を持たず、つくらず、持ち込ませず」という非核三原則を表明している。

国内外の情勢をにらんで、佐藤は、沖縄返還のあり方は「白紙」だと述べつつ、国内世論と安全保障上の要請との調整を目指す。六九年一月の外務省幹部との会談で佐藤は、「沖縄は極東の米国の抑止力を構成する一環である、全体の中の沖縄の役割をうすめる余地がある筈である」と述べている（外務省外交記録H二二―〇一一）。また佐藤は、二月には「①沖縄は核抜き本土並み、②いわゆる戦術核は朝鮮におけばいい、③但し朝鮮半島で事が起こったら本土基地を使わせる」という方針を米国側に密かに伝えている（楠田三〇八～三〇九頁）。三月八日には、ブレーンの安全保障専門家による沖縄基地問題研究会が、軍事技術の進歩や国際情勢の変化によって沖縄の「核抜き・本土並み」返還は可能だと結論づけた報告書を佐藤に提出した。こうしたなかでついに三月一〇日、佐藤は参議院予算委員会で「核抜き・本土並み」返還方針で対米交渉に臨むことを明らかにする。

もっとも沖縄の屋良主席は、「核抜き・本土並み」の内容を疑問視し、沖縄の基地の規模の「本土並み」を希望した（屋良『激動八年』七八頁）。日本政府も沖縄側の希望を無視していたわけではなかった。佐藤は三月三一日の国会答弁で、施政権返還後の沖縄の米軍基地は「本土と同様、縮小の形がとられる」と述べている。外務省でも、千葉一夫《ちばかずお》アメリカ局北米一課長が、沖縄の米軍基地のあり方とは別に、施政権返還前に「沖縄基地の整理縮少をはかることが大きな政治課題となってくる」と論じていた（『オンライン版楠田實資料』）。

佐藤・ニクソン会談

六九年六月、愛知揆一《あいちきいち》外相が訪米してロジャーズ国務長官と会談し、沖縄返還に向けた協議を進めることで一致する。この後、東京で愛知外相とアーミン・マイヤー駐日大使、そして東郷文彦《とうごうふみひこ》外務省アメリカ局長とリチャード・スナイダー駐日公使が交渉を行う。

交渉において日米両政府は、施政権返還後の沖縄米軍基地のあり方をめぐって鋭く対立する（中島『沖縄返還と日米安保体制』）。最大の争点になったのは、沖縄への核兵器の貯蔵・持ち込みと戦闘作戦行動のための沖縄米軍基地の使用についてだった。米国側は、施政権返還後も引き続き沖縄基地の自由使用を認めるよう要求し、そのための秘密の特別取り決めの締結を日本側に求めた。これに対して日本側は、「核抜き・本土並み」での沖縄返還を実現するべく、日本本土と同様に沖縄に日米安保条約、特に事前協議制度を適用するよう主張する。基地使用を事前に認めることは主権国家としてできないし、法的にも国内政治的にも無理だというのだった。もっとも事前協議では、日本の安全保障の観点から米軍の基地使用を認める場合もあるというのが日本側の方針だった。

また戦闘作戦行動のための基地使用の対象となる地理的範囲も大きな争点だった。米国側は、朝鮮半島有事や台湾有事、さらにベトナム戦争のために沖縄基地を使用する必要があると論じた。これに対して日本側は、朝鮮半島有事の際には、日本の安全保障のために基地使用を認める方針を示していた。しかし台湾については、中国との関係上慎重であるべきであり、ベトナムについても、日米安保条約第六条の「極東条項」の地理的範囲外で、国内政治上も支持を得られないという立場であった。東京での議論を経て、九月に愛知外相が訪米し、ウィリアム・ロジャーズ国務長官との間で戦闘作戦行動のための基地使用について大筋で合意する。

しかし、日本側の最大の懸念となっていた核兵器の問題は未解決のままであった。日本側としては、国内世論の要求から核兵器を撤去することはもちろん、有事の際の核兵器持ち込みも認めることは困難であった。これに対し米国側は、核兵器撤去の用意はあったものの、この問題をカードにしつつ戦闘作戦行動のための基地使用についての権利を獲得するという交渉方針を立て、強硬な姿勢を崩さなかった。

事務レベルで核兵器をめぐって交渉が膠着するなか、佐藤の「密使」若泉敬京都産業大学教授とキッシンジャー大統領補佐官の非公式ルートでの交渉が進められる。若泉は、七月以降密かに訪米してキッシンジャーと交渉し、有事の際に沖縄への核兵器持ち込みを認めるという「密約」を作成する。特に有事の際の核兵器持ち込みの「密約」は、キッシンジャーによれば、「軍として最小限必要な条件」であった。同時に、当時日米貿易摩擦の争点であった日本からの対米繊維輸出についても自主規制を行うという「密約」も作成される（若泉）。

一一月、訪米した佐藤はニクソンと会談し、七二年の沖縄返還について合意する。日米共同声明では、日本の安全保障にとって韓国は「緊要」、台湾は「きわめて重要な要素」

であると差をつけつつ明記された。また、沖縄返還時にベトナム戦争が継続している場合には日米は協議すると記される。佐藤は、会談後のナショナル・プレス・クラブでの演説でも、朝鮮半島有事の際には米軍の基地使用のために事前協議で「前向きに、かつすみやかに」態度を決定すること、台湾についても同様だが「幸いにしてそのような事態は予見されない」と発言する。このよう東アジアの有事における米軍の基地使用への方針を示したことで、沖縄返還交渉は日本政府が地域の安全保障のために日米安保のもとで米国に協力する姿勢を明確化する契機になった（中島『沖縄返還と日米安保体制』）。また、これらのいわゆる「韓国条項」「台湾条項」は、韓国政府や台湾の国民党政府へのシグナルという意味もあった。韓国政府や国民党政府は、自国の防衛上、沖縄の米軍基地を重視し、沖縄返還について懸念していたのである（河野「沖縄返還と地域的役割分担論一・二」、波多野「沖縄返還交渉と台湾・韓国」）。

一方、核兵器については、日米共同声明で日本側の核兵器に対する政策に対し米国側が理解を示し、「日米安保条約の事前協議制度に関する米国政府の立場を害することなく」、沖縄返還を行うことが明記された。この文言は、外務省が日本側と米国側の要請を調整したぎりぎりの妥協の産物であった。しかし、別室で佐藤とニクソンは、若泉らが作成した有事の際の核兵器の沖縄への持ち込みを認める「合意議事録」に密かに署名した。

核持ち込みの「密約」に加え、佐藤・ニクソン会談直前には、大蔵省の柏木雄介《かしわぎゆうすけ》財務官とジューリック財務省特別補佐官との間で、沖縄返還に伴い日本政府が米国政府に総額六億八五〇〇万ドルを負担するという了解覚書が密かに締結される。ベトナム戦争の泥沼化や、日本や西欧諸国の輸出増大による国際収支の悪化を背景に、米国側は沖縄返還にあたって沖縄の基地機能を維持するとともに、財政上の負担分担を日本側から引き出すことを重視していたのである（我部『沖縄返還とは何だったのか』第六章、波多野『「密約」とは何であったか』、高橋第五章）。

このように、戦後日米関係の最大の課題の一つであった沖縄返還が合意された。沖縄返還合意によって、日米関係は安定化することになった。七〇年六月には、大きな混乱もなく日米安保条約は自動延長される。同時に沖縄返還合意は様々な「密約」や基地機能の維持という「代償」を伴ったのである。

沖縄返還の実現

「ニクソン・ドクトリン」と米軍基地

ニクソン政権は、ベトナム戦争による軍事的・経済的疲弊を背景に、米国の対外関与の抑制と同盟国による防衛上の負担分担を目指した。そのためニクソン大統領は、一九六九年七月、同盟国の防衛は一義的にはその国が責任を持つべきだという「グアム・ドクトリン」を発表し、これを七〇年二月には「ニクソン・ドクトリン」として公式化する。この方針のもと、ベトナム・韓国・フィリピンなどに駐留する米軍は大幅に縮小された。

「ニクソン・ドクトリン」は日本にも適用され、七〇年一二月、日米両政府は、三沢《みさわ》・横須賀《よこすか》・板付といった米軍基地の返還と在日米軍の三分の一にあたる一万二〇〇〇人の撤退について合意した。米軍基地の閉鎖についてはこの後変更があったが、日本本土に駐留する米軍は、六八年の約四万一〇〇〇人から七二年には約二万一〇〇〇人へと半減する。

しかしこの時期、沖縄の米軍基地縮小は進まず、兵力も約四万人のレベルで維持された。むしろ沖縄の海兵隊は、ベトナムからの移転によって、六八年の約一万一〇〇〇人から七二年の約一万六〇〇〇人へと膨れ上がる。沖縄への海兵隊の移転は、ベトナムに「対応する兵力として利用できる」ようにするためだった（*Melvin Laird and the Foundation of the Post-Vietnam Military*, p103）。六九年七月から八月にかけて第九海兵連隊がキャンプ・シュワブへ、一一月には第三海兵師団司令部がキャンプ・コートニーへ、同時期に第四海兵連隊がキャンプ・ハンセンへ、第三六海兵航空群が普天間飛行場へ、七一年四月には第三海兵水陸両用軍司令部がキャンプ・コートニーへ、七一年八月には第一二海兵連隊がキャンプ・ハーグへ、それぞれベトナムから沖縄へ再配備されたのである。これ以降、沖縄は第三海兵師団や第一海兵航空団を指揮下に収める第三海兵水陸両用軍（後に第三海兵遠征軍）の本拠地となる。また、米空軍のＦ４戦術大隊も、在日米軍再編計画によって、三沢基地と横田基地から沖縄の嘉手納基地へ移転する。

こうしたなか、日米両政府は、七〇年から沖縄返還協定締結に向けた交渉を開始する。

前述のように日本政府内では当初、沖縄返還実現を前に沖縄の米軍基地を大幅に縮小する必要があると考えられていた。外務省の千葉北米一課長は、沖縄米軍基地を約七割程度に整理縮小することを目指し、特に「目玉商品」と呼ばれる、都市部の那覇空港・那覇軍港・牧港住宅地区・与儀《よぎ》石油地区の返還を重視した。さらに千葉は、読谷《よみたん》飛行場の返還や嘉手納弾薬庫・北部訓練場など海兵隊基地の縮小も目標とした（外務省外交記録H二二六―〇〇四）。

しかし米国側は、沖縄返還に向けて軍部や議会を説得するためには、沖縄米軍基地の縮小を受け入れることはできないと主張した。さらに米国側によれば、「ニクソン・ドクトリン」のもとで、沖縄はアジアでむしろ重要になるとされた。国務省日本担当官は、「米国の極東戦略は今後ますますオキナワを基点として考えられることとなるべく、むしろそこに集中する」と説明する。またデイヴィッド・ウォード陸軍次官補も、「本土の基地整理が具現化し、あるいはヴィエトナムからの撤兵が進行すれば、少なくとも一時的にはオキナワの基地にシワ寄せが行なわれる」との見通しを述べた（外務省外交記録H二二六―〇〇四）。

さらに米国側は、沖縄の米軍基地の「弾力性を残しておく必要」があるとして、復帰時までに米軍基地の返還の可否が決まらない場合は、「岡崎・ラスク方式」の沖縄への適用を求めた。「岡崎・ラスク方式」とは、五二年に日米地位協定の前身である日米行政協定が成立した際に、日本側が返還を求めても米軍が継続使用したい基地について日米合同委員会で合意が成立しない場合には米軍が基地を暫定的に使用できることを定めたものである。これに対し、日本側は沖縄への「岡崎・ラスク方式」の適用を回避しようとした（山本『日米地位協定』九九～一〇一頁）。

沖縄では、「ニクソン・ドクトリン」の影響は基地縮小ではなく基地労働者の解雇という形で現れた。沖縄返還合意直後の六九年一二月には、沖縄の基地労働者の二四〇〇人の解雇が、さらに翌七〇年一二月には三〇〇〇人の解雇が発表される。これに対し沖縄の基地労働者の組合である全沖縄軍労組合（全軍労）は、「基地の縮小を伴わない首切り」だとして激しく反発し、ストライキを繰り返した。七〇年一二月二〇日には、沖縄県中部の基地街であるコザでの米兵による自動車事故をきっかけに、怒った多くの沖縄住民が米兵の自動車二〇台ほどを焼き払うというコザ暴動が起こる。この事件は、米軍支配への沖縄住民の不満を示すものとして、日米両政府に大きな衝撃を与えた。

一方この頃、日本政府内では、在日米軍を含むアジアの米軍縮小に対し安全保障上の懸念が生じ、在日米軍のプレゼンスを維持する重要性が再認識されていく。特に防衛庁内では、在日米軍削減によって有事に米軍が来援するという「大きい前提の決め手の人質」がいなくなるといった不安の声が上がり、沖縄の米軍基地や海兵隊は「抑制力として最低限必要なもの」だと論じられたのである（『中村悌次オーラル・ヒストリー』六八頁）。

返還協定の締結

基地維持についての米国側の強硬な態度に対し、日本側は要求を後退させ、那覇空港・那覇軍港・牧港住宅地区・与儀石油地区という那覇周辺の「目立つ」基地の返還に専念することになる。特に「沖縄の玄関」である那覇空港の民間空港としての返還を日本側は「復帰の象徴」として重視していた（外務省外交記録H二六―〇一二）。

しかし、米国側の姿勢は依然として厳しかった。米国側によれば、与儀石油地区のみは復帰時に返還可能だが、那覇軍港は兵站《へいたん》基地として、また牧港住宅地区は米兵とその家族の住宅として重要なので、それぞれ日本側の費用負担による移設が必要であった。那覇空港についても、同空港に配備された対潜哨戒機P３を移転するための施設整備を日本側が負担することを米国側は要求している。

前述のように日米両政府は、「柏木・ジューリック了解覚書」という財政取り決めを秘密裏に交わしていた。このうち、日本側の負担分の六五〇〇万ドルは施設費とされ、七一年六月の愛知外相とロジャーズ国務長官の会談で、この費用を沖縄だけでなく日本本土の米軍基地の施設改善や電気・水道などにも使用できることになった。これは、七八年以降本格化する日本政府による在日米軍駐留経費の負担分担、いわゆる「思いやり予算」の原型になる（我部『沖縄返還とは何だったのか』第六章）。

交渉を経て、六月一七日、愛知外相とロジャーズ国務長官によって沖縄返還協定が調印される。沖縄返還協定とともに了解覚書が調印され、復帰後も日本政府が米軍に提供する施設がA表、復帰後漸次返還される施設がB表、復帰時に全部または一部が返還される施設がC表として発表される。A表には嘉手納基地・普天間飛行場・那覇軍港・牧港住宅地区など八八施設が記された。これに対して復帰時に返還されるC表に記されたのは、那覇空港や与儀石油地区など三四施設に過ぎなかった。

なお、A表で記載された基地は「現在の境界線内で」沖縄の復帰後も使用されるとされた。この文言は、米国側が要求する「岡崎・ラスク方式」の沖縄への適用を回避しようとした日本側の妥協の産物であった。しかしこの文言によって、維持された基地については、米軍訓練時の一時的な民有地使用など、米軍が統治時代と同じ範囲で自由に使用できることを意味していた（オフラハーティ文書）。また、那覇空港は復帰時に返還されるC表に記載されたが、日本側がＰ３の移転費用を負担することになった。また復帰日までに移転が実現していない場合、Ｐ３を引き続き那覇空港で使用させるという点について、吉野文六《よしのぶんろく》アメリカ局長とスナイダー公使との間で書簡が取り交わされる（外務省外交記録Ｈ二二―〇一二）。

沖縄では、沖縄返還協定について、多くの基地が維持されたことに不満の声があがった。返還協定調印式を欠席した屋良主席も、協定の内容について、「平和憲法とは関係のない米国の戦略的強烈な基地の中で生活を強いられる事はたしかに理不尽」だとして、大きな不安を感じていた（琉球新報社編一四四頁）。

米中接近と沖縄返還実現

七一年七月一五日、ニクソン大統領は中国を訪問する計画を発表し、世界中に大きな衝撃を与えた。これは、ニクソン政権による冷戦戦略見直しの一環であった。米中接近によって台湾の米軍を撤退させることから、メルビン・レアード国防長官は、日本、特に沖縄の米軍基地は「ほとんど不可欠」になったと指摘している（*FRUS 1969-1976, Vol. XVII*, Doc. 154）。

しかし、日本国内や沖縄では、米中接近によってアジアの緊張緩和が進むことが期待され、沖縄米軍基地の縮小を求める意見が強まる。こうしたなかで一一月以降、沖縄返還協定批准をめぐる国会審議が行われた。沖縄では、復帰協が「基地撤去」「安保反対」を掲げて沖縄返還協定反対デモを実施し、現在の沖縄返還は沖縄米軍基地の強化を目指すものだとして交渉のやり直しを求めた。東京でも野党や市民団体が沖縄返還協定を厳しく批判する。野党の抵抗によって国会審議が進まないなか、自民党は、一一月一七日、衆議院沖縄返還協定特別委員会で沖縄返還協定などを強行採決した。これに反発した野党は、国会審議を拒否する。

沖縄返還協定の強行採決が行われた一一月一七日は、奇しくも屋良主席が、沖縄返還のあり方に沖縄住民の要望を反映させるべく琉球政府が作成した「復帰措置に関する建議書」を携えて上京した日だった。「建議書」は、「返還協定は基地を固定化するものであり、県民の意志が十分に取り入れられていない」と批判し、沖縄米軍基地の整理縮小を求めた。その際、「アメリカと中国との接近」など「極東の情勢は近来非常な変化を来しつつある」という国際情勢に注目し、沖縄返還は「大きく胎動しつつあるアジア、否世界史の潮流にブレーキになるような形」になるべきでないと訴えたのである。東京に着いた屋良は、返還協定が強行採決されたことを聞き、「党利党略の為には沖縄県民の気持ちと云うのは全くへいり（弊履）の様にふみにじられるものだ」と日本政府・自民党のやり方に怒った（琉球新報社編二八一頁）。

国会審議が中断するなか、状況打開のために自民党・公明党・民社党は、一一月二四日、「非核兵器ならびに沖縄米軍基地縮小に関する決議」を採択する。そこには、「政府は、沖縄米軍基地についてすみやかな縮小整理の措置をとるべきである」との文言が明記される。国会再開後、一二月二二日、参議院で沖縄返還協定が可決、承認された。

同じ時期、日本政府・自民党は、施政権返還後も沖縄の基地を米軍に提供するべく軍用地主たちに働きかけを行い、軍用地料を大幅に値上げすることで軍用地主と円滑に契約を締結することを目指した。こうして、年間軍用地料は現行の六・八三倍、約二一五億八〇〇〇万円に引き上げられる。その一方で日本政府は、地主の同意が得られない場合に、軍用地に対する使用権限を取得して米軍への基地提供義務を履行できるようにするため、「沖縄における公用地等の暫定使用に関する法律」（「公用地暫定使用法」）を沖縄国会で成立させた（平良二八二〜二九五頁）。

七二年一月に訪米した佐藤とニクソンとの会談では、沖縄返還に向けた最後の調整が行われ、福田赳夫《ふくだたけお》外相を中心に日本側が沖縄米軍基地の縮小を米国側に再度要請した。会談

図18　日本政府主催沖縄復帰記念式典（沖縄県公文書館所蔵）

後に発表された日米共同声明では、沖縄返還の期日が五月一五日に決定されるとともに、沖縄米軍基地について、日本側が「復帰後出来る限り整理縮小されることが必要」と要請し、米国側も「双方に受諾しうる施設・区域の調整を安保条約の目的に沿いつつ復帰後行う」ことが明記される。

沖縄返還直前まで難航することになったのが、那覇空港のＰ３移転問題であった。米国側が、Ｐ３を那覇空港から普天間飛行場に移転し、玉突きで普天間飛行場にある給油機ＫＣ130を山口県の岩国《いわくに》基地へ、またすでに岩国基地に配備されているＰ３を青森県の三沢基地へ移転する計画について打診したのに対し、日本側が強く反対したのである。日本側は、岩国や三沢の世論が反対しているとして、沖縄のなかでの移転を求めた。結局、日本側が米国側の要求に応じることになったものの、予算の執行が遅れたことなどからP3を復帰前までに移転することは不可能になり、日本側の目標であった復帰前の那覇空港の民間空港としての完全返還は実現しなかった。

五月一五日、ついに沖縄返還が実現した。しかし屋良は、「感無量とはいうものの、復帰の実感はなかなかわかなかった」と回想している（屋良『屋良朝苗回顧録』二一八頁）。この日、日米合同委員会で、施政権返還後も維持される沖縄米軍基地とその使用目的・使用条件を定めた「五・一五メモ」が合意された。こうして沖縄返還後も、八七ヵ所、総面積二万八六六〇haという巨大な米軍基地と、四万一一七一人の米軍兵力が維持されることになった。当時の沖縄が占める在日米軍の米軍専用施設面積の割合は約五九％、米軍兵力の割合は約六六％であった。

なお、沖縄返還とともに、地元住民が批判するなかで自衛隊約六〇〇〇人が沖縄に配備され、沖縄の局地防衛の任務にあたることになる（小山「沖縄の施政権返還に伴う自衛隊配備をめぐる動き」、成田）。

ベトナム戦争後の沖縄米軍基地の再編

沖縄米軍基地の整理縮小をめぐる協議

一九七二年にはニクソン大統領の中国訪問やソ連訪問、さらに日中国交正常化が実現し、翌七三年一月にはベトナム和平協定が調印されるなど国際的な緊張緩和が進展した。そのため日本国内では、日米安保の見直しとともに米軍基地縮小への要求が高まった。

こうしたなかの七三年一月、日米安全保障協議委員会で、関東平野の米空軍基地を横田基地に集約するという「関東平野空軍施設整理統合計画」、いわゆる「関東計画」が合意され、約二二一九haの米軍基地が返還される（小山「『関東計画』の成り立ちについて」）。こうして日本本土の米軍基地はさらに縮小される。この計画では、基地の集約に必要な代替施設建設などの費用二二〇億円を日本政府が引き受けることになった。また、沖縄の米軍基地についても、七五年に沖縄で開催予定だった海洋博覧会のために必要だという日本側の要求で、那覇空港の完全返還が合意される。これに伴って那覇空港に配備されていた米海軍対潜哨戒機P3は嘉手納基地に移転され、日本側の費用で嘉手納基地の施設の改修工事と、嘉手納基地の補助飛行場として普天間飛行場の滑走路拡張工事が行われる（経費三八億円）。こうして米軍基地維持のための日本側の負担分担が拡大していく。

「関東計画」合意によって日本本土の米軍基地縮小が一段落した七三年、ようやく沖縄米軍基地縮小に向けた日米の動きが本格化する。その背景には、沖縄返還後も沖縄で基地をめぐる問題が頻発することへの現地の不満の高まりがあった。七二年五月以降、米爆撃機B52がベトナム情勢への対応や台風を避けるためとして次々に嘉手納基地に飛来し、住民を不安に陥れた。また九月には、キャンプ・ハンセン内で米海兵隊員が日本人基地従業員を射殺するという事件が起こる。

日本政府内では、山中貞則《やまなかさだのり》防衛庁長官や防衛施設庁が、沖縄住民の要求や国際的な緊張緩和をふまえ、沖縄米軍基地縮小に意欲的だった。もっとも外務省や防衛庁は、沖縄米軍基地を維持する必要性をより強調する傾向にあった。外務省や防衛庁の官僚たちは、ベトナム戦争後の米国のアジアへの関与が縮小されることに安全保障上の不安を感じていたのである。

米国政府内では、沖縄米軍基地縮小をめぐって国務省・国防省と軍部が対立する。国務省や国防省は、基地を維持するためにも、沖縄での不満に対応し米軍基地を縮小する必要があると主張した。これに対して軍部は、日本本土の米軍基地については横田・横須賀・厚木・岩国・佐世保などの「中核構造」へと最小化する一方で、沖縄の米軍基地についてはベトナム戦争後も重要な作戦・兵站供給基地として維持する方針だった。

注目すべきは、この時期、米国政府内で沖縄の最大の兵力である海兵隊の撤退が真剣に検討されていたことである。国防省のシステム分析局の専門家の検討によれば、沖縄やハワイなどすべての海兵隊をカリフォルニアに移転することが「かなり安上がりで、より効率的」だという結論が出た。国務省の政治軍事問題局でも、沖縄の海兵隊を韓国に移転するという案が検討されている。国務省は、米国のアジア戦略検討作業のなかで、七八会計年度には、在韓米軍の地上部隊とともに沖縄から海兵隊を撤退するべきだという案を支持した。もっとも統合参謀本部は、沖縄の海兵隊を維持する必要があると主張していた。

こうしたなか七月の協議で、防衛庁の久保卓也《くぼたくや》防衛局長は、「米国がアジアの安全保障問題に関与し続けるという証拠」として、第七艦隊・空軍・海兵隊という「機動戦力」からなる米軍のプレゼンスは維持される必要があると米国側に論じた。そして久保は、「アジアにおける機動戦力の必要性を踏まえると、米国の海兵隊は維持されるべき」と強調する。

日本政府が沖縄の海兵隊を重視していることは、米国政府の対日姿勢にも影響を及ぼした。一一月のトマス・シュースミス駐日公使の書簡によれば、日本政府内では、沖縄の海兵隊は「日本に対する直接的な脅威に即応する米国の意思と能力の最も目に見える証拠」だと認識されている。それゆえ、このような日本側の認識は、「我々の交渉上の梃子」になると、彼は論じたのである。沖縄米軍基地に固執していた軍部でさえも、この時期、沖縄米軍基地の維持は政治的に困難だと考え、マリアナ諸島への基地移設を検討していた。しかし、統合参謀本部によれば、「返還後の数年間で、東京は、沖縄における米軍のレベルを積極的に受け入れようとした」ため、「沖縄の日本への返還は、当初予想されたように米軍基地を移転させることにはならなかった」という。

八月には、ニクソン政権はＮＳＤＭ230「アジアにおける米国の戦力と兵力」を決定し、米国がアジアに関与する「最善の証拠」として、今後五年間、韓国・日本・沖縄・フィリピンの米軍の兵力を維持するという方針を明確化する。その背景には、ベトナム戦争後、米国の関与が縮小するのではないかという、日本を含めたアジア諸国の不安を払拭しようという思惑があった。こうして、沖縄の海兵隊も含め、在日米軍の規模は維持されることとなる。

さらに日本政府も、安全保障上の理由だけでなく、すでに「関東計画」で多大な移転費用を負担することになっていたことや、当時の第一次石油危機による不況といった経済的理由から、沖縄米軍基地の大規模縮小に消極的になっていく。一一月、米国側が提示した沖縄米軍基地の整理縮小計画に対し、日本側は移転費用について「天文学的」だと驚愕し、「政治的経済的に不可能」だと回答する。

協議を経て、七四年一月に開催された日米安全保障協議委員会では、三八ヵ所、全面・一部返還合わせて当時の沖縄米軍基地面積の約一割の二五四一haの返還が合意される。しかし、無条件に返還される基地は小規模で、牧港住宅地区や那覇軍港といった一八ヵ所の完全返還は日本側の費用負担による移設が条件だった。日米両政府は合意に満足したが、沖縄では県知事となった屋良をはじめ、移設前提の返還計画に反発の声があがった（野添『沖縄返還後の日米安保』第三章）。

七五年四月、北ベトナム軍によってサイゴンが陥落した。ベトナムは統一されることになり、ベトナム共産化を阻止しようとしてきた米国の試みは完全に失敗に終わった。この間、「関東計画」などによって日本本土の米軍基地が縮小される一方、沖縄の米軍基地がほぼ維持された結果、七〇年代前半には沖縄への米軍基地の集中が進んだ。沖縄に占める在日米軍専用施設面積の割合は、七二年の沖縄返還時点では五八・五八％だったが、七五年には七三・二五％に上昇した。

在沖海兵隊の再編・強化

しかし、ベトナム戦争終結とともに、沖縄の米軍の構成は大きく変容する。まず、陸軍の兵力が大幅に削減された。七四年六月には、沖縄に駐留していた第一特殊部隊・第七心理作戦部隊などが米本国に引き上げる。また、ベトナム戦争終結とともに補給基地の整備・修理部門が廃止される（沖縄県渉外部四頁）。こうして沖縄の陸軍兵力は七二年には約一万一〇〇〇人だったが、七五年には約三五〇〇人、八〇年には約一四〇〇人へと削減された。

一方、沖縄で増強されたのが、海兵隊と空軍である。嘉手納基地にはタイや台湾から部隊が移転し、同基地の第一八戦術戦闘航空団が組織を拡充した。海兵隊は、七二年には約一万六〇〇〇人だったが、七五年には約一万八〇〇〇人、八〇年には約二万人へと膨れあがる。海兵隊は、縮小された陸軍に代わって使用基地をも増大させ、沖縄米軍基地面積に占める海兵隊基地面積の割合は、七二年の六一・三％から、八二年の七二・一％へ拡大した。七五年六月、縮小された陸軍の司令部がキャンプ瑞慶覧《ずけらん》から牧港補給地区へと移転すると、海兵隊司令部がキャンプ・マクトリアスからキャンプ瑞慶覧へ移転する。これとともに、陸軍司令官がつとめていた在沖米軍の四軍調整官も海兵隊司令官がつとめることになった。七六年には、山口県の岩国基地から第一海兵航空団司令部が沖縄に移転する。海兵隊によれば、第一海兵航空団司令部と第三海兵師団が同じ沖縄に配置されることは、空・陸の一体運用の能力を向上させる「長年の願望」だった。

ベトナム戦争後の海兵隊は、予算削減や米国内社会からの批判のなか、組織防衛のためグローバルな即応部隊として役割の再定義を行う。このようななかで沖縄の海兵隊も、太平洋地域のみならず中東などグローバルな危機に対応することが任務として考えられた。七五年六月の日米協議でスノーデン在日米軍参謀長は、沖縄と岩国の海兵隊は、「戦略的予備兵力」として、太平洋のいかなる場所での有事にも即時に対応すると説明している。そのうえで、「沖縄は、海兵隊にとって地理的に最善の場所」だと考えていた。七月の協議でガリガン在日米軍司令官は、「今度戦争が起こるなら、それは中近東であり、欧州に

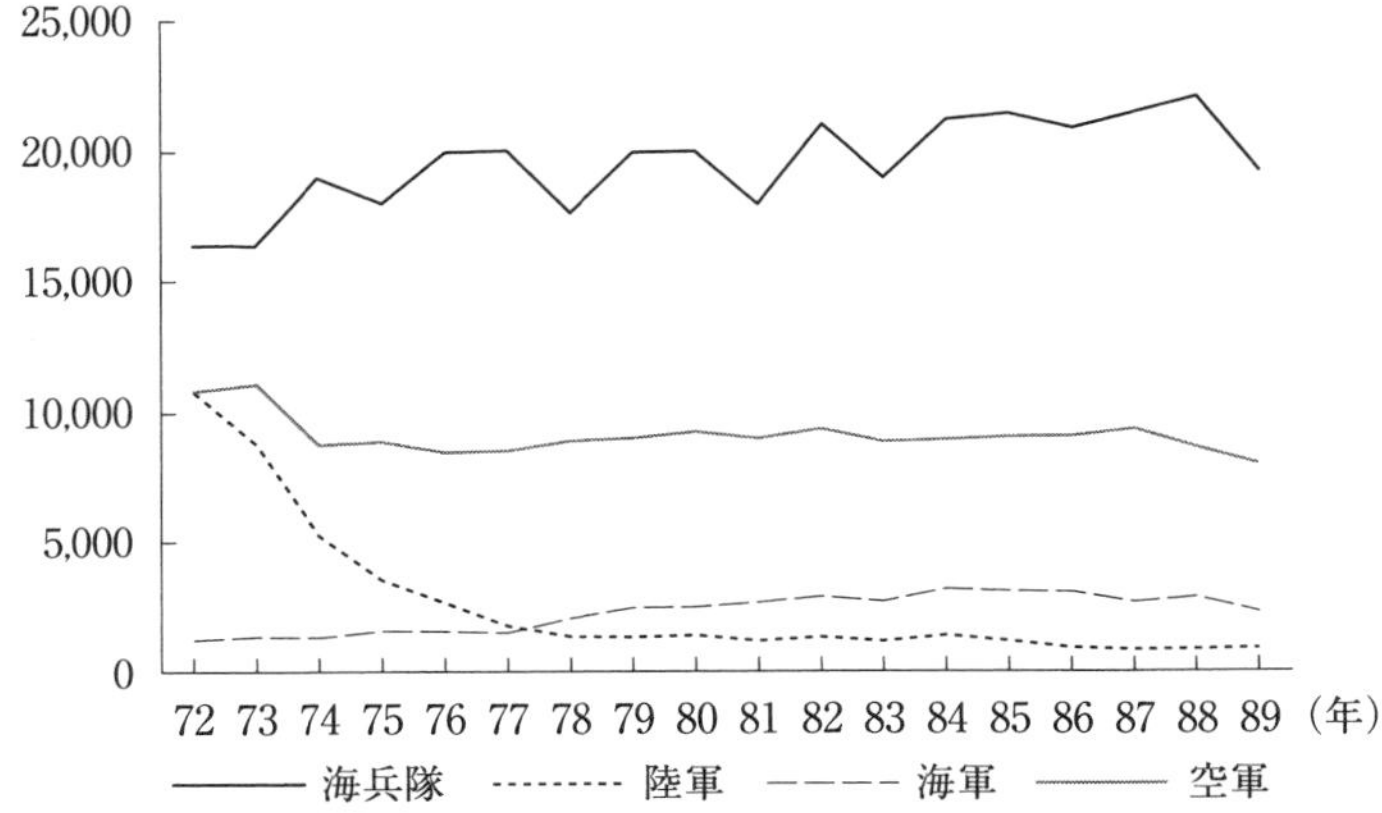

図19　1970～80年代の在沖米軍の兵力数推移（沖縄県知事公室基地対策課『沖縄の米軍基地及び自衛隊基地（統計資料集）』2014年より作成）

広がる」との見通しを示したうえで、これらの有事の際には「在沖縄海兵隊も米軍のasset」として出撃すると論じた。

日本側も米軍プレゼンスの維持を米国側に引き続き要請した。七五年一月、白川元春《しらかわもとはる》統幕議長は、「現在の在日米軍の規模及び機能を削減しないこと」を米国側に要請している。彼によれば、在日米軍は「有事に展開されるであろう作戦部隊を受け入れるのに必要な基幹部隊」「日本防衛のためにいつでも米国が立上がるという意志の確証を与える部隊」「侵略のある場合初動の作戦に即応し得る部隊」であることが必要だった。沖縄の海兵隊は、このなかの重要な兵力として位置づけられていた。七五年二月の国会答弁での山崎敏《やまざきとし》夫《お》外務省アメリカ局長の説明によれば、日本で「陸軍は実戦部隊としては、ほとんどなくなっておる」なかで、「海兵隊が唯一のそういう意味での主戦部隊」として、「日本の防衛に寄与する」というのだった。

七六年七月には、総計一六二一・八haの沖縄米軍基地の返還についての日米合意が発表されたが、ここでも伊江《いえ》補助飛行場などほとんどの施設は移設条件付き返還であったため、沖縄では不満が表明された。しかし、日本国内全体では、七〇年代半ば頃からベトナム戦争の終結や日本本土の米軍基地縮小によって日米安保条約への支持が高まり、沖縄の米軍基地をめぐる問題は日本全体の問題として考えられなくなっていく。この合意以降、しばらくの間、沖縄米軍基地の縮小問題は日本の政治外交上の課題とはみなされなくなったのである。

また沖縄社会でも、米軍基地の整理縮小が進まないなかで、軍用地主たちが米軍基地縮小に消極的になっていく。その背景にはまず、日本政府が支払う沖縄の軍用地料が、日本復帰前の約二八億円から復帰後の約二一五億円へ、七三年度には約二二一億円、七四年度には約三一三億円へと急激に上昇したことがあった。また、沖縄戦によって地籍が不明確であったり、基地が返還されても細切れであったりして跡地利用が進まないという事情もあった。こうしたなかで、軍用地主たちにとっては、基地縮小よりも基地を容認して莫大な軍用地料を獲得することがより有利な状況になっていったのである（野添『沖縄返還後の日米安保』第四章）。

日米防衛協力の強化と沖縄

七八年一月に発足した米国のジミー・カーター政権は、ベトナム戦争以降、もう海外の戦争に巻き込まれたくないという国内社会の気運や財政的制約を背景に、在韓米軍、特にその地上兵力の撤退を掲げた。

しかし日本政府は、カーター政権の在韓米軍撤退政策に対し、朝鮮半島の安全保障、ひいては日本に密接にかかわる問題だとして強い懸念を抱く。特に防衛庁は、在韓米地上軍は「米国の韓国防衛意思を明示するもの」であり、「政治的、心理的な役割」を担っているので、「地上軍の撤退は、米国の対韓コミットメントの後退と判断されるおそれがある」と考えていた（宝珠山昇《ほうしゅやまのぼる》文書）。このような米地上兵力を重視する日本政府の考え方は、沖縄の米海兵隊にもあてはまるものだった。この時期、外務省の佐藤行雄《さとうゆきお》安全保障課長は、在韓米軍の地上兵力が撤退すれば、在沖海兵隊は、アジア太平洋地域で唯一の地上兵力になるので米国のコミットメントの象徴として重要性が増すと考えていたという。

ところがこの時期、海兵隊についても財政的理由や即応性の向上といった理由から再編が進められ、七七年一〇月には沖縄の海兵隊の八〇〇〇人が米本国へ帰国する。また軍部では、軍事力増強を進めるソ連に対抗するために沖縄の海兵隊を欧州に移転することも検討されている（CINCPAC1977, pp.39-40）。こうしたなか、在韓米軍撤退とあいまって、日本政府内では沖縄から海兵隊が撤退するのではないかという不安が広がった。日本側は米国側との協議で、「在日海兵師団の規模等について何らかの変更が検討されているか」と繰り返し質問している。

このような状況下において、日米間で大きな課題となったのが、在日米軍の駐留経費の問題であった。当時、円高ドル安の進行によって在日米軍基地の日本人従業員の費用が急激に上昇していたため、カーター政権は、この費用負担の分担を日本政府に求めたのである。また米国側は、在韓米地上軍撤退への日本側の安全保障上の不安を利用しながら、「この地域に唯一残る地上兵力」である在沖海兵隊のための費用を引き出そうとした。具体的には、陸軍の削減に伴って海兵隊に移管された牧港補給地区の施設改善に伴う費用を日本政府に要求したのである。

そもそも日米地位協定の第二四条によれば、日本政府は米軍に基地を提供するものの、基地にかかる費用は米国側が負担することになっていた。しかし外務省では、日米間では貿易摩擦が激化し、米国内で高まる日米安保への日本の「ただ乗り」という批判を封じるためには、日本側の財政的な負担分担が必要だと考えられた。防衛庁も金丸信《かねまるしん》長官を中心に、米国のアジア関与縮小への懸念から、在日米軍への財政支援を支持する。こうして七八年度予算から、日本人基地従業員の福利厚生費約六二億円を日本政府が支出することになる。

しかし、米国側はこの金額には不満であり、さらなる費用負担を求めた。そのため、七七年、日本側は施設費の負担分担について合意する。労務費についても、日本側はさらなる負担分担を引受けていく。そのきっかけになったのは、沖縄の米軍再編計画だった。米軍は、国防予算の削減のために沖縄で基地従業員の解雇を進め、七二年には約二万人いた従業員は七八年には約八〇〇〇人にまで削減された。こうしたなか、七八年六月、米国側は日本側に、基地従業員の労務費を負担しなければさらに沖縄で九〇〇〇人の基地従業員を解雇すると通告した。これを受けて日本側は、基地従業員の退職金の一部を負担することを決定する。日本政府は、失業率の高い沖縄でさらに基地従業員が解雇されれば沖縄社会に混乱が生じ、また日本側の負担分担がなければ、「唯一の在日米軍戦闘部隊」である在沖海兵隊の縮小につながることを懸念したのだった。

金丸防衛庁長官は、日本政府は「思いやりをもって」在日米軍を支援するべきだと発言し、これ以降、日本政府による在日米軍駐留経費の負担分担は「思いやり予算」と呼ばれる。一二月、日本政府は、労務費や施設費といった約二八〇億円の在日米軍駐留経費を負担することになった。この後、「思いやり予算」は年々増額される。「思いやり予算」によって沖縄の基地従業員の削減に歯止めがかかったが、皮肉なことに沖縄社会は米軍基地への依存を深めていくことにもなる（野添『沖縄返還後の日米安保』一七三～一九〇頁）。

七八年には、「思いやり予算」とともに、「日米防衛協力のための指針」が作成され、この時期、日米安全保障関係が進展した。これは、ベトナム戦争後の米国側の負担分担の方針と日本側の米軍による対日防衛コミットメントの確保という双方の狙いによって作成された。さらにベトナム戦争終結や在日米軍基地の縮小によって、日本社会で日米安保が肯定されていったことも日米防衛協力の進展の重要な背景となっていた（吉田、武田）。

すでに海上自衛隊と米海軍、航空自衛隊と米空軍の間では非公式に共同演習が行われていたが、「指針」策定後、陸上自衛隊は在沖海兵隊との協力を進め、八四年一〇月、初の合同演習が北海道で行われた。陸上自衛隊では、米陸軍が日本には司令部機能以外ほとんど存在しないなかで、在沖海兵隊こそが「ブーツ・オン・ザ・グラウンドという意味のプレゼンスを具現化している」と考えられ、協力が必要だと考えられたのである。日本有事においても、陸上自衛隊は「まず海兵隊とともに戦って、そこに次第に米陸軍が増援してくる」と想定された（『西元徹也オーラル・ヒストリー上』一八三〜一八五頁）。

米ソ対立が再燃し新冷戦が本格化したこの時期、沖縄の海兵隊は、ソ連に対抗して中東への派遣や、千島列島・樺太など極東ソ連に上陸作戦を仕掛けることが想定されている。日本国内では特に、在沖海兵隊が中東へ派遣されれば日本が防衛できなくなることが懸念されていた。こうしたなかで、陸上自衛隊と在沖海兵隊の共同訓練は海兵隊を日本防衛のために引き留めるという意味もあった（野添『沖縄返還後の日米安保』一九一〜一九七頁）。

沖縄保守県政の誕生

沖縄では、七八年一二月の県知事選挙で、日米安保や米軍基地を容認する自民党の西銘順治が勝利し、保守県政が誕生した。それまで衆議院議員だった西銘は、当時の沖縄における経済不況に対して、政府との結びつきを通して大規模な財政出動によって景気対策に取り組むことを公約とし、県民の支持を集めた。日米安保や米軍基地を容認する西銘県政の誕生を日米両政府も歓迎した。

西銘は、経済振興を最重点課題とし、基地の受け入れと引き換えに日本政府から莫大な補助金を獲得していく。八二年三月には、鈴木善幸《すずきぜんこう》首相が「沖縄県民には、米軍基地でご

図20　西銘順治（沖縄県公文書館所蔵）

苦労をかけている」ので、その「感謝の気持ち」として沖縄の振興開発を進めるべきだと発言している。このように日本政府も、沖縄の振興開発を、日本本土と沖縄の格差是正という本来の趣旨よりも、米軍基地の負担の「代償」と認識していた（朝日新聞社編四三頁）。

その一方で、西銘は、米軍・那覇防衛施設局・沖縄県による三者連絡協議会を設立させ、米軍の演習や騒音の問題、基地の整理縮小などに現地レベルで対応しようとした。沖縄の経済振興を行ううえでも米軍基地は大きな障害であった。沖縄県庁が今後一〇年の沖縄の将来像を描く第二次沖縄振興開発計画の計画案で、沖縄の「自立的発展」のため米軍基地の「計画的返還」の文言を入れようとしたが、沖縄開発庁から拒否された（河野・平良編一一四〜一一八頁）。八二年の知事選では、西銘は、米軍基地の集中は沖縄振興の「阻害要因」だと主張し、宜野湾市の中心部に位置する普天間飛行場など「市町村の再開発のじゃまになるような基地は、のけてもらう」と基地の返還を掲げる（『琉球新報』一九八二年一一月一六日）。当時、米兵による事件・事故が引き続き起こるなかで、県民の間でも米軍基地に対する反発が広がっていた。八三年には米軍攻撃機Ａスカイホークが普天間飛行場に配備されたことから、宜野湾市は同飛行場の移設を要求した。すでに七八年に北谷町のハンビー飛行場が返還された後、普天間飛行場にその機能が移され、ヘリコプター部隊の活動が活発化した。その一方で宜野湾市の人口は八四年には約六万八〇〇〇人に増大していた。

こうしたなか西銘は、基地問題解決を直接米国政府に訴えるべく、八五年と八八年に訪米する。国防省でキャスパー・ワインバーガー長官やリチャード・アーミテージ次官補などと会談した西銘は、沖縄の米軍基地の見直しを訴え、特に演習の中止とともに普天間飛行場の移設を求めた。八八年の訪米時には、西銘は、日米関係をより緊密にするためには、沖縄県民の不満を解消することが必要だとして、普天間飛行場の「早期返還」を要望するとともに、「狭い沖縄県内で新たな代替地を見つけることは不可能に近い」と述べている（『琉球新報』一九八八年四月二〇日）。日米安保を容認する自民党保守政治家である西銘も基地問題に取り組まざるを得なかったように、沖縄では不満が蓄積されていたのである。

普天間・辺野古問題の迷走

冷戦後

冷戦終結と普天間飛行場の返還合意

冷戦の終結

一九八九年一二月、地中海のマルタ島で米国のジョージ・H・W・ブッシュ大統領とソ連のミハイル・ゴルバチョフ書記長は冷戦終結を宣言した。冷戦終結とともに、米国政府は膨れ上がった軍事費を削減するべく、世界規模で軍事プレゼンスの見直しに取りかかる。米国防総省は九〇年四月、「東アジア太平洋地域の戦略的枠組み」を発表し、在日米軍について空軍と海軍を維持する一方で沖縄の海兵隊を削減し、「過剰な施設を返還する」方針を示す。

沖縄でも冷戦終結を受けて米軍基地削減への期待が高まった。九〇年一一月の沖縄県知事選挙では、革新陣営が推す元琉球大学教授の大田昌秀《おおたまさひで》が現職の西銘順治《にしめじゅんじ》を破って当選する。大田県政は、冷戦終結を踏まえ「基地のない沖縄」を目指した構想を策定していく。

こうした背景から日米両政府は、沖縄米軍基地の整理縮小に取り組み、九〇年六月には北部訓練場や嘉手納《かでな》弾薬庫のそれぞれ一部返還、九二年五月にはキャンプ・ハンセンの都市型訓練施設撤去や北部訓練場の一部返還を合意する。その結果、八九年から九五年の間に、沖縄の米軍は約三万人から約二万七〇〇〇人へ、米軍基地面積は二万五〇二六haから二万四四四七・三haへと縮小された。九三年八月に政権交代によって首相に就任した細川《ほそかわ》護熙《もりひろ》は、「沖縄に海兵隊が駐留することにより生ずる様々なアクシデントの問題が協調関係のつまずきのきっかけになりかねぬ」と考え、米国側に配慮を要請している（細川一五二頁）。また日本政府は九五年には、沖縄側の要請を受けて、那覇軍港の返還、読谷《よみたん》補助飛行場でのパラシュート降下訓練の廃止と同飛行場の返還、県道一〇四号線越え実弾射撃訓練の移転という「重要三事案」の解決に向けた取り組みを行っていた。

その一方でこの時期、日本の外務省・防衛庁では、東アジアで冷戦はまだ終結していないとの考えから、日米安保や米軍のプレゼンスが必要だと認識されていた。それゆえ、冷戦終結後の米国民の「孤立主義への心情的傾斜」による米国の関与縮小が懸念され、「どうすればアメリカをアジアに引きつけておくことができるか」が考えられていたのである

（栗山一三六頁）。

結局、冷戦終結直後の沖縄米軍基地の縮小は限定的なものに終わった。日本政府の「思いやり予算」によって、米軍の日本駐留は本国への移転よりむしろ安価だった（外岡ほか四五四頁）。また日本政府の理解によって、沖縄の米軍は地域の安全保障のため「運用の自由」を享受していた（CINCPAC1992, p.372）。九一年には、フィリピンからの米軍撤退に伴い沖縄に航空部隊が移転する。さらに九二年九月には、約二〇〇〇人規模の第三一海兵遠征部隊が沖縄のキャンプ・ハンセンを拠点にし、アジア太平洋地域を巡回しつつ小規模紛争やゲリラ・テロなどに対応していく。九三年には、米国政府内で、沖縄での政治的反発や訓練の制限から米海兵隊を沖縄から日本本土へ移転することが検討されたが、日本政府が拒否したという（『沖縄タイムス』二〇一九年五月六日）。

また、東アジアで緊張が高まるなかで、沖縄を含め在日米軍基地の重要性が再確認されていく。北朝鮮による核兵器開発疑惑によって、九三年から九四年に高まった第一次朝鮮半島危機において、米軍は、朝鮮半島有事の際には航空機や軍事物資、追加兵力を日本経由で朝鮮半島へ送り込むべく、沖縄を含め在日基地を活用することを想定していた（ペリー一一一頁）。こうした情勢を踏まえ九五年二月には、米国防省はジョセフ・ナイ国防次官補の主導のもと、「東アジア戦略報告」（「ナイ・レポート」）を発表し、米軍プレゼンスは東アジアの発展のための「酸素」として、今後もこの地域に一〇万人体制を維持する方針を示した。「ナイ・レポート」の策定過程では、日米安保や在日米軍基地の東アジアにおける重要性について、日本側から米国側に様々な働きかけがなされた（秋山『日米の戦略対話が始まった』六一頁、『西元徹也オーラル・ヒストリー下』二二三～二二七頁）。

少女暴行事件と普天間返還合意

沖縄では、「ナイ・レポート」は衝撃をもって受け止められた。特に大田知事は、米軍一〇万人体制が維持されれば、「沖縄における兵力配備も、削減することは期待できない」と失望した（大田一五九～一六〇頁）。

さらに沖縄県民に大きな衝撃を与えたのが、九五年九月、沖縄県中部で一二歳の少女が三人の米兵によって暴行される事件が起こったことだった。日米地位協定によって、容疑者の米兵たちがただちに沖縄県警に引き渡されなかったこともあり、県民の怒りはさらに高まった。一〇月二一日には宜野湾市で県民大会が開催され、政治的立場を超えて八万五〇〇〇人が参加する。大会では、①米軍人の綱紀粛正、②被害者に対する早急な謝罪と完全補償、③日米地位協定の早急な見直し、④基地の整理縮小促進が決議された。

こうしたなかで大田知事は、駐留軍用地特別措置法のもとで米軍用地への土地提供を拒む地主に代わって土地提供を認める代理署名を拒否する。その理由として、大田は、「冷戦が崩壊し、基地の整理縮小が進むと期待した」にもかかわらず「沖縄の基地が固定化される」状況にあることをあげた（沖縄タイムス社編三三・三六頁）。大田の決断は、民有地が多い沖縄の米軍基地の安定的使用に大きな影響を与えるものだった。日本政府は大田知事を提訴し、政府と沖縄県は法廷闘争に入っていく。

大田は、一一月一五日、村山富市《むらやまとみいち》首相との会談で代理署名拒否の方針を伝えた際、沖縄県による「国際都市形成構想」と「基地返還アクションプログラム」の基本的考えを示す。前者は、沖縄をアジア太平洋の結節点として発展させるという二一世紀の「基地のない沖縄」についての構想であり、後者は、そのために二〇一五年に向けて三段階に分けて沖縄の米軍基地をすべて撤去することを計画したものであった。これらの背景には、欧州では冷戦が崩壊したにもかかわらず、東アジアでは日米安保が固定されていることへの沖縄側の不満が存在した（『吉元政矩オーラルヒストリー』六四頁、佐道）。

多くの米軍基地が存在する沖縄からの異議申し立ては、日米安保を大きく揺さぶった。この時期、日米両政府は、冷戦終結や日米貿易摩擦にもかかわらず、日米安保が依然重要であることを確認する「日米安保再定義」の作業に取りかかっていた。しかし、沖縄での事件はこの作業を吹き飛ばしかねないものであった。当時駐日大使だったウォルター・モンデールは、沖縄から米軍が撤退しなければならないことも覚悟したが、日本政府がそれを引きとめたと回想している（Foreign Affairs Oral History Project, pp.17-18）。

日本政府内では、当初、外務省が日米地位協定の運用改善で対処しようとしていたが、防衛庁は「ある程度米軍基地の整理・統合・縮小をしないと、これはもう対応できない」という考えが強かった（秋山『秋山昌廣回顧録』一二四頁）。こうして日米両政府は、一一月に「沖縄に関する特別行動委員会」（ＳＡＣＯ）を設置し、事務レベルで米軍基地の整理・統合・縮小や米軍機の騒音、訓練の問題などに取り組む。

さらに翌九六年一月に首相に就任した橋本龍太郎《はしもとりゅうたろう》は、もともとの沖縄への関心に加え、当時の沖縄の県民感情や対米関係などを踏まえ、沖縄問題を「最重要課題」として位置づける（五百旗頭・宮城編六三頁）。橋本は、二月のクリントン大統領との会談で、外務省や防衛庁の幹部の反対にもかかわらず、普天間《ふてんま》飛行場の返還を求めた。橋本は、市街地の中心部にあって危険性が指摘される普天間飛行場の返還が、沖縄で最も要望されていると聞いていたのである。橋本にとって普天間飛行場返還は、代理署名を拒否した大田の姿勢を軟化させて沖縄米軍基地を継続的に使用するための「切り札」であった（宮城・渡辺四六〜四七頁）。米国内でも、知日派のリチャード・アーミテージ元国防次官補などによって、沖縄の反発を和らげ日米安保を安定化させる、普天間返還の必要性が提言されていた（船橋『同盟漂流　上』四八頁、山本「米国の普天間移設の意図と失敗」九頁）。それゆえ、普天間返還を仕掛けたのはむしろ米国側だったとの見方もある（森本二一一頁）。

四月一二日、橋本龍太郎首相とモンデール駐日大使は、五年から七年後の普天間飛行場の返還合意を発表する。もっとも普天間飛行場の返還は、沖縄県内の移設が条件であった。米軍にとって普天間飛行場は朝鮮半島有事に対応するうえで重要であり、その機能を維持することは不可欠だった（National Security Archive III）。橋本は「県内移設は私は受けなければならない」と考えており（五百旗頭七〇頁）、秋山昌廣《あきやままさひろ》防衛庁防衛局長も県内移設が「常識的」と考えていた（ＯＴＶ）。一方、当時国防長官だったウィリアム・ペリーは、普天間飛行場の移設先について軍事的には「日本のどこであっても良かった」が、「日本側は沖縄県外の移設にとても消極的だった」と回想している（ＮＨＫＥＴＶ特集「ペリーの告白」）。

四月一五日にはＳＡＣＯ中間報告が発表され、普天間飛行場返還に加え、読谷補助飛行場の返還や県道一〇四号線越え実弾射撃訓練の本土移転、日米地位協定の運用改善などが明記された。その直後の四月一七日、クリントン大統領と橋本首相は「日米安保共同宣言」を発表し、日米安保がアジア太平洋地域の安定と平和の基礎であり続けると強調する。またここでは、国際情勢に応じて、「日本における米軍の兵力構成を含む軍事態勢について引き続き緊密に協議する」と明記された。

九七年九月、「日米防衛協力のための指針」が改定され、朝鮮半島有事を念頭に、極東有事における米軍と自衛隊の協力が進んだ。普天間返還合意をはじめとする「沖縄基地問題」への対応は、結果として「日米安保再定義」を完成させ、アジア太平洋地域における日米の安全保障協力を推進することになったのである。

九六年県民投票と辺野古移設問題

九六年九月八日、沖縄県では「日米地位協定の見直し」「基地の整理縮小」についての県民投票が実施された。県民投票の投票率は五九・三％で、「日米地位協定の見直し」と「基地の整理縮小」への賛成は八九・〇九％と全有権者の五三・〇四％にのぼった。この県民投票は、米軍基地問題解決への日米両政府の取り組みを強く迫るものだった。

県民投票直後の九月一〇日、橋本首相は「沖縄問題についての内閣総理大臣談話」を発

図21　橋本首相（左）と大田県知事（右）の会談（1996年12月5日，共同通信社提供）

表する。ここで橋本は、「沖縄の痛みを国民全体で分かち合う」重要性を強調し、米軍基地の整理縮小や日米地位協定の課題に取り組む方針を示す。さらに橋本は、沖縄県の「国際都市形成構想」に協力するべく、五〇億円の調整費を計上するよう指示した。

大田知事は橋本首相の談話を評価し、九月一三日、軍用地使用のための公告・縦覧を応諾することを表明する。もともと県民投票は、代理署名を拒否した大田知事と日本政府との法廷闘争において、沖縄県民の民意を示して大田を後押しすることを目的として実施されたが、県民投票前の八月二八日、最高裁判所が沖縄県の全面敗訴の判決を下した。大田は行政の立場として最高裁判決を重く受け止めるとともに、軍用地特別措置法が改正されて県知事の権限が奪われることを懸念し、「国際都市形成構想」への支援などを担保に、政府と協力する道を選んだのである。しかし県民投票直後の大田の決断に、県内からは批判・失望の声があがった。

特に、沖縄の経済振興のために大田が政府と妥協したのではないかという批判がつきまとった。九六年には梶山静六《かじやませいろく》官房長官の私的諮問機関として米軍基地を抱える沖縄の二五市町村の振興を検討する島田懇談会が設置されるなど、日本政府はこの時期から基地受け入れと地元の経済振興を連関させた政策を進めていく（渡辺『基地の島沖縄』）。また、軍用地特別措置法は翌九七年四月に改正され、代理署名への県の権限は失われることになる。

この後、普天間飛行場返還の条件とされた県内移設の問題が沖縄県を揺るがす。当初、防衛庁は、普天間飛行場の機能をより広大な嘉手納基地に統合することを目指した（秋山『秋山昌廣回顧録』一四〇頁）。沖縄県の吉元政矩《よしもとまさのり》副知事も、「既存の基地の中に押し込める」ということで、嘉手納統合案に理解を示していた（『吉元政矩オーラルヒストリー』九九頁）しかし、米軍、特に空軍は嘉手納基地を海兵隊と共同で運用することに激しく反発した。米軍の意見は在日米軍を通して自衛隊にも伝えられ、自衛隊は、嘉手納統合案に意欲を示していた橋本首相に、この案は運用面で難しいと進言したという（『オーラル・ヒストリー冷戦期の防衛力整備と同盟政策①』一九七〜一九八頁、『オーラル・ヒストリー日本の安全保障政策と防衛力⑤』一六九頁）。県内でも嘉手納基地の地元である嘉手納町が、基地負担増加につながるとして嘉手納統合案に反対した。

こうして嘉手納統合案が難しいと考えられるなか、次に日米両政府が模索したのが、海上に撤去可能なヘリポート基地を建設するという案であった。これは米国側から提示され、橋本首相は、「撤去可能」で「要らなくなったら畳むんだから沖縄も懸念が半分解消する」という判断から、海上ヘリポート基地案を支持した（秋山『秋山昌廣回顧録』一四三頁）。

一二月一〇日、SACO最終報告が発表され、普天間飛行場・読谷補助飛行場・那覇軍港のすべてや北部訓練場の大部分など一一施設、五〇〇二haの返還とともに、県道一〇四号線越え実弾砲撃演習の廃止や航空機騒音の軽減措置、日米地位協定の運用改善などが合意される。ここでは、当時の県内基地面積の約二割を返還することが計画されていた。もっとも、普天間飛行場返還も移設が条件だったほか、読谷補助飛行場のパラシュート降下訓練は伊江島《いえじま》へ、那覇軍港は浦添《うらそえ》への移転が条件であった。また実弾射撃訓練は北海道・

表2　SACOの最終報告

土地の返還

施設名等	区　分	施設面積(ha)	返還面積(ha)(返還年度(目途))	条件等
普天間飛行場	全　部	481	481(5～7年以内)	・海上施設の建設を要求（規模約1,500m等） ・岩国飛行場に12機のKC-130空中給油機を移駐等 ・嘉手納飛行場における追加的整備等
北部訓練場	過　半	7,513	3,987(平成14年度末)	・海への出入りのため土地約38ha及び水域約121haを提供 ・ヘリコプター着陸帯を残余の同訓練場内に移設
安波訓練場	全　部	(480)	(480)(平成9年度末)	・共同使用を解除（水域約7,895ha）
ギンバル訓練場	全　部	60	60(平成9年度末)	・ヘリコプター着陸帯を金武ブルー・ビーチ訓練場に，その他の施設をキャンプ・ハンセンに移設
楚辺通信所	全　部	53	53(平成12年度末)	・アンテナ施設及び関連支援施設をキャンプ・ハンセンに移設
読谷補助飛行場	全　部	191	191(平成12年度末)	・パラシュート訓練を伊江島補助飛行場に移転 ・楚辺通信所を移設後返還
キャンプ桑江	大部分	107	99(平成19年度末)	・海軍病院等をキャンプ瑞慶覧等に移設（返還・面積には返還合意済みの北側部分を含む）
瀬名波通信施設	ほぼ全部	61	61(平成12年度末)	・アンテナ施設等をトリイ通信施設に移設 ・マイクロウェーブ塔部分（約0.1ha）は引き続き使用

牧港補給地区	一　部	275	3 (国道拡幅に合わせ)	・返還に伴い影響を受ける施設を残余の施設内に移設
那覇港湾施設	全　部	57	57	・浦添埠頭地区（約35ha）への移設と関連して，返還を加速化するために共同で最大限の努力を継続
住宅統合		648	83 (平成19年度)	・キャンプ桑江及びキャンプ瑞慶覧に所在する米軍住宅を統合
計		9,446	5,075	
新規提供			▲73	(那覇港湾施設約35ha，北部訓練場約38ha)
合計		11施設	5,002	・県内施設面積の約21％減

騒音軽減イニシアティブの実施

事　案	概　要
嘉手納飛行場における海軍駐機場の移転	・海軍航空機の運用及び支援施設を，主要滑走路の反対側に移転 ・MC-130特殊戦機を主要滑走路北西に移転
嘉手納飛行場における遮音壁の設置	・嘉手納飛行場の北側に新たな遮音壁を接置

宮城県・静岡県など日本本土の五ヵ所に移転することになった。

普天間飛行場の代替施設については、「撤去可能」で全長約一五〇〇メートル「海上施設」を「沖縄本島の東海岸沖」に建設することが発表される。全長一五〇〇メートルになった理由は、垂直離発着可能な新型輸送機MV22オスプレイの運用がすでに想定されていたからだった（船橋『同盟漂流 上』一二八～一二九頁、森本一六一頁)。

ＳＡＣＯ最終報告では明記されなかったが、海上ヘリ基地の建設が具体的に予定されたのは名護市辺野古《へのこ》であった。その理由として、辺野古の海岸線は浅瀬が広がっており建設がしやすいということに加え、経済的理由から「辺野古の人たちは受け入れる」という見通しが政府内にあったからだという(ＮＨＫＥＴＶ特集「辺野古」)。

しかし、名護市では経済振興への期待から基地を受け入れようとする住民と基地受け入れに反対する住民とで真っ二つに分かれ、九七年一二月二日、海上ヘリ基地建設をめぐる住民投票が行われる。投票は、①賛成、②環境対策や経済効果が期待できるので賛成、③反対、④環境対策や経済効果が期待できないので反対という四択方式で行われ、投票率八二・五％、結果は③④合わせて反対が五二・二％と過半数を超えることになった。

ところがその直後の一二月二四日、比嘉鉄也《ひがてつや》名護市長は上京して橋本首相に面会し、海上ヘリ基地を受け入れ、かわりに名護市など沖縄県北部の振興への協力を要請し、自らは辞任すると伝える。さらに翌九八年二月八日の名護市長選挙では、比嘉が後継として指名した岸本建男《きしもとたてお》が海上ヘリ基地反対を掲げる玉城義和《たまきよしかず》に勝利して当選する。こうして、普天間飛行場の移設問題は複雑化していくことになる。

海兵隊削減の挫折と大田の敗北

九六年一二月のＳＡＣＯ最終報告発表後、沖縄県の大田知事は、米兵の犯罪など基地問題を抜本的に解決するためには米軍の兵力削減が必要だという考えから、最大の兵力である海兵隊の削減を唱えていく（大田二五〇頁）。日米両政府内でも、九六年後半から九七年前半にかけて、将来的な朝鮮半島の平和的統一の可能性を見据えて、沖縄の海兵隊のあり方を見直す動きがあった。撤去可能な海上ヘリ基地建設も、海兵隊撤退の可能性が意識されていた（船橋『同盟漂流上』三八二〜三八三頁、船橋『同盟漂流　下』一九六頁）。

しかし海兵隊撤退には、防衛庁・自衛隊が反対した。当時、日米両政府間で沖縄の海兵隊の削減がまとまりそうになった際、防衛庁の秋山昌廣防衛局長は「中国、北朝鮮に誤ったメッセージを与えることになるからこれは絶対反対だ」といって「つぶした」という。秋山は、「戦争は最後は地上兵力で決する」ので、在日米軍の地上戦闘部隊である海兵隊を重視していた（秋山『秋山昌廣回顧録』一五二〜一五三頁）。九七年二月下旬には、秋山と杉山蕃《すぎやましげる》統合幕僚長が橋本首相に海兵隊削減の問題点について説明を行った（船橋『同盟漂流　下』二〇三〜二〇四頁）。防衛庁や自衛隊は、朝鮮半島危機や、九六年三月頃に高まった台湾海峡危機によって安全保障環境が厳しくなるなか、海兵隊の沖縄駐留をより重視するようになったと考えられる。沖縄の海兵隊も、少女暴行事件以降、パートナーとして陸上自衛隊との交流をさらに強化しようとしていた。

名護市長選が行われる最中の九八年二月、大田は普天間飛行場の代替施設としての海上基地の建設に反対する考えを初めて表明した。大田は、反対の理由の一つに沖縄県の海兵隊削減要求に日米両政府が応じないことをあげた（大田二八五頁）。日本政府と大田県政の関係は名護市住民投票後すでに悪化していたが対立は決定的なものになっていく。

九八年八月に行われた沖縄県知事選挙では、経済界出身で自民党や公明党から支援を受けた稲嶺恵一《いなみねけいいち》が、三選を目指した大田に勝利し当選した。選挙戦で稲嶺は、大田知事と政府の対立によって政府とのパイプが完全に閉ざされ、沖縄経済が「県政不況」に陥っていると強調した。普天間飛行場については基地固定化を避け、また県北部の経済振興に役立てるため軍民共用・一五年使用期限での県内移設を受け入れることを公約に掲げた。稲嶺にとって、これは沖縄県民が基地移設を受け入れるぎりぎりの条件だった（稲嶺一一七〜一二〇頁）。

稲嶺県政は、「沖縄振興策の推進と基地問題のバランスある解決」を目指し、日本政府との協調路線を進めてく。日米両政府も、二〇〇〇年G7サミットの沖縄での開催決定な

図22　サミット終えて記者会見する稲嶺県知事（2000年7月23日，共同通信社提供）

どで沖縄県から基地問題への協力を取りつけようとしていく。九九年一二月三日、稲嶺知事は岸本名護市長に対し、普天間基地の名護市辺野古への移設への協力を要請し、七日、岸本市長は住民生活や自然環境への影響を抑えるため、日米地位協定の改善や一五年使用期限、基地使用協定の締結など、七つの条件のもとで受け入れを決定する。これを受け、一二月二八日、小渕《おぶち》恵三《けいぞう》首相は、普天間飛行場の辺野古移設や、今後一〇年で一〇〇〇億円の沖縄県北部への振興策について決定する。もっとも日本政府は、沖縄県が辺野古移設の条件とした一五年使用期限について米国側と協議した形跡はない。

二〇〇〇年七月二九日、普天間飛行場の移設先として、名護市辺野古沖合に約二五〇〇メートルの滑走路を持つ施設を建設することが決定された。しかし、この後も反対派の抗議などによって辺野古の工事はしばらくの間進まなかった。

稲嶺県政は、普天間飛行場の辺野古移設について容認する一方で、相次ぐ米軍犯罪を背景に日米地位協定の改定を目指した。二〇〇〇年八月には、稲嶺県政は日米地位協定改定案をまとめて日本政府や米国駐日大使館に提出したが、日米両政府の対応は地位協定の運用改善にとどまった（山本『日米地位協定』一八〇〜一八五頁）。

在日米軍再編協議

米軍再編協議の開始

二〇〇一年一月、米国でジョージ・W・ブッシュ政権が発足すると、ドナルド・ラムズフェルド国防長官の主導で、軍事技術の発展やテロ・大量破壊兵器の拡散など新しい脅威の出現を背景に、米軍を海外基地に依存しない機動的な戦力にするべく米軍再編が行われていく。九月一一日の同時多発テロ以降、米国はアフガニスタン、そしてイラクといった対テロ戦争に突き進んだ。イラク戦争では沖縄から海兵隊も出撃する。米軍基地へのテロを恐れて、沖縄への観光客数が大幅に減るという影響もあった。

米国政府は、日本との関係では、対テロ戦争での協力に加え、中国の軍事的台頭をにらんで在日米軍の再編や米軍と自衛隊との協力強化を目指した（春原『同盟変貌』一二～一四頁）。〇三年一月、日米両政府間で「防衛政策見直し協議（DPRI）」、いわゆる在日米軍基地再編協議が本格的に開始される。ここで米国側は、ワシントン州にあった米陸軍第一軍団司令部を神奈川県のキャンプ座間《ざま》に移転させることを特に重視した。しかし、第一軍団が世界規模の活動をすることから、日本側は当初、キャンプ座間への移転は日米安保条約第六条の「極東条項」に違反するとして否定的だった（久江八三～八四頁）。また、米国側が中国を念頭に置いた戦略の共有を図ろうとしたのに対し、日本側は中国を刺激することは避けたいという態度をとっていた（読売新聞政治部一八七頁）。

沖縄については、すでにブッシュ政権発足前の二〇〇〇年、国務副長官になるリチャード・アーミテージを中心とする超党派の専門家たちの対日政策の提言書で、海兵隊の分散移転が提案されていた。さらに〇三年一一月のラムズフェルド長官の沖縄訪問をきっかけに、兵力見直しが検討されていく。沖縄訪問時、ラムズフェルドに対して稲嶺知事は、沖縄県民の米軍基地に対する感情をマグマに例え、基地問題の解決を強く要請した。さらにヘリコプターに乗って普天間飛行場を空から眺めたラムズフェルドは、その危険性とともに移設計画が進んでいないことに衝撃を受けた。その後米国側は沖縄の海兵隊のうち、第

図23　沖縄国際大学に残ったヘリ墜落の跡

四海兵連隊や第一二海兵連隊など約二六〇〇人を日本本土の自衛隊基地に移転させることなどを提案するが、日本側の反応はなかった（久江九〇～九一頁）。

在日米軍再編協議が停滞するなか、〇四年八月一三日、普天間飛行場所属のヘリコプターCH53Dが基地に隣接する沖縄国際大学に墜落するという事件が起こる。死者はいなかったが、事件直後に約五〇人の米兵が大学構内の事故現場を占拠・封鎖して、一週間にわたって沖縄県警など日本側の担当者の立ち入りを禁止した。米軍の行動は、日米地位協定にもとづくものだった。沖縄県民は、事件とともに米軍の対応に強く反発した。

同じ時期、日本政府の中国への警戒感が高まっていた。当時、防衛庁は中国軍の増強を警戒し、自衛隊の南西諸島への配備の検討に着手し始めた。〇四年一一月には、中国の原子力潜水艦が日本の領海を侵犯する。世論レベルでも歴史問題などをめぐって日本国民の中国へのイメージが悪化していた。こうしたなかで日本側も、米軍再編協議で共通の戦略目標として中国軍についての議論に積極的になっていく（読売新聞政治部一九六頁）。一二月に日本政府が発表した「防衛計画の大綱」では、中国の軍事力について「今後も注目して行く必要がある」と警戒感が初めて示された。

このような国内外の背景から、日本側は普天間問題を含め在日米軍再編協議を急ぐ。〇四年一〇月には、小泉純一郎《こいずみじゅんいちろう》首相が沖縄の米軍基地の日本本土への移設を進める方針を表明した。翌〇五年二月の日米安全保障協議委員会（二プラス二）では、日米両政府は、日米同盟がアジア太平洋地域のみならず世界にとって重要であることや、中国への警戒感で一致する。そのうえで、在日米軍再編協議を「沖縄を含む地元の負担を軽減しつつ在日米軍の抑止力を維持する」という方針で加速させることで合意したのである。

米軍再編合意と沖縄の反発

米軍再編について、沖縄では基地縮小への期待が高まっていた。〇五年二月、稲嶺知事は、米軍再編によってSACO最終報告の発表当時とは異なる安全保障環境が生まれているとして、海兵隊の県外移設などを要求していく（稲嶺三六〇〜三六二頁、牧野五六九頁）。普天間飛行場については、稲嶺知事

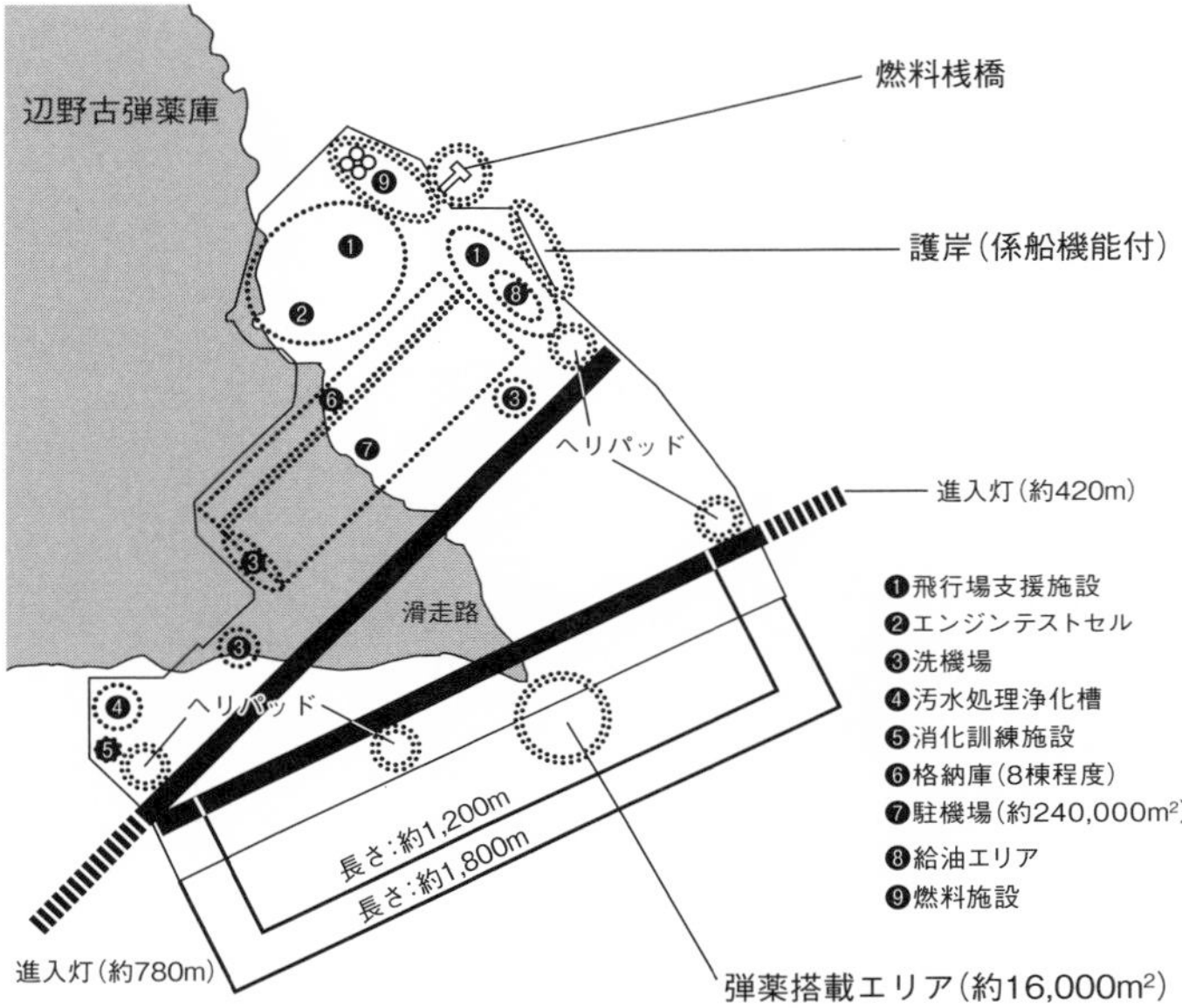

図24　「辺野古新基地」の完成予想図（沖縄県知事公室基地対策課編『沖縄から伝えたい．米軍基地の話．Q&A Book』2017年より作成）

は「軍民共用・十五年使用期限」という条件での現行の辺野古沖合への代替施設建設という計画以外は認められないという立場をとっていた。

ところがこの時期、日米両政府内では、反対派の抵抗などによって移設工事が進まないことから現行計画を見直そうという動きが出ていた。〇五年九月には、辺野古海上で反対派の抵抗のため建設用のやぐらが撤去され、事実上現行案は断念される。防衛庁は、既存の基地内であれば反対派の妨害を受けないとして、普天間飛行場を、当初は嘉手納基地への統合を、その後は名護市辺野古にある米海兵隊のキャンプ・シュワブの陸上部分への移設を主張した。これに対し名護市や地元業者は、現行計画の実現性の難しさや埋め立てによる経済的利益などから、辺野古沿岸の浅瀬部分の埋立て案を提起する。米国政府も、地元からの提案として辺野古浅瀬案を歓迎する。

協議を経て、在日米軍再編計画は〇五年一〇月と〇六年五月の二プラス二で合意される。まず、普天間飛行場の代替施設については、〇六年の合意で、名護市辺野古のキャンプ・シュワブ沿岸部分を埋め立てて一八〇〇メートル《メートル》のV字型の二本の滑走路を建設することになる。V字型滑走路は、飛行ルートが集落の上を通ることを避けてほしいという名護市の要望を受け計画された。代替施設は、係船機能付護岸など普天間飛行場にない新たな機能が加わり、沖縄では「新基地」と呼ばれることになる。

次に、沖縄の海兵隊のうち第三海兵遠征軍や第三海兵師団の司令部要員八〇〇〇人を、グアムに移転することになった。この時期、グアムは米国にとって中国を念頭にアジアをにらむ戦略拠点として重視されていた。グアムに海兵隊の司令部を移転させる一方で、沖縄には実戦部隊を残すことで沖縄の負担軽減と抑止力の維持の両立を実現することができるとされた。米国側には、グアムに海兵隊基地を建設するための費用を日本側にも負担させようという思惑もあった（森本第七章）。

さらに、キャンプ瑞慶覧《ずけらん》や牧港《まきみなと》補給地区といった嘉手納基地以南の米軍基地が返還されることになる。しかし、普天間飛行場の辺野古移設・海兵隊のグアム移転・嘉手納以南の基地返還は「パッケージ」とされ、相互に連関することになった。日米両政府は、これによって普天間飛行場の辺野古移設を推進しようとしたのである。このほか、自衛隊が沖縄の嘉手納基地やキャンプ・ハンセンを訓練のために共同使用することに加え、沖縄以外では神奈川県の厚木《あつぎ》基地から空母艦載機の山口県の岩国《いわくに》基地への移転、キャンプ座間への米陸軍第一軍団司令部の移転などが合意される。こうして米軍再編を通して、指揮や訓練などの面で米軍と自衛隊の一体化が進んでいく。

沖縄の稲嶺県政は、嘉手納以南の基地返還や海兵隊のグアム移転を歓迎したが、普天間飛行場の辺野古移設計画に反発する。この間日本政府は、辺野古移設計画をめぐって、沖縄県の「頭越し」に地元の名護市と交渉を進めた。これに対して稲嶺県政は、五月四日、将来的な海兵隊の県外移転を目指しつつ、普天間飛行場の危険性除去のため、当面の間、同飛行場のヘリ部隊をキャンプ・シュワブに配備するという「暫定ヘリポート案」を提示する。五月一一日、額賀福志郎《ぬかがふくしろう》防衛庁長官と稲嶺知事は米軍再編計画について、基本確認書を締結するが、記者会見で稲嶺は辺野古移設計画に合意したわけではないと明言した。稲嶺県政の考えとしては、基本確認書は「暫定へリポート案」を引き続き政府と協議するというものだった（牧野六八〇～六八一頁）。

ところが、五月三〇日、小泉政権は、「米軍再編推進に関する閣議決定」によって、九九年の小渕政権による閣議決定を廃止する。稲嶺によれば、「それまでの苦労が一瞬にして水泡に帰した。深い挫折感を味わった」という（稲嶺三八七頁）。

この間、日本政府の沖縄に対する強硬な方針を主導したのが、守屋武昌《もりやたけまさ》防衛次官であった。守屋は、米軍再編によって「沖縄の戦後を終わらせる」ことを目指していたが、普天間飛行場の移設が進まない背景には沖縄の地元利権があると考えていた。守屋は小泉官邸との強いパイプを背景に、地元の政治家に対して基地を受け入れるか、振興金をストップするか、という「アメとムチ」の手法で沖縄側と交渉を進めた（守屋、渡辺『アメとムチの構図』）。

小泉首相も当初、沖縄の海兵隊の本土移転に意欲を示したが、「沖縄の米軍基地負担軽減について、負担を本土に移そうとすると自治体が全部反対する」といってあっさり方針を撤回した。小泉が自民党のなかでも佐藤栄作や田中角栄につらなる旧竹下派の橋本・小渕のように、沖縄に理解があり対話や妥協を重視する政治家ではなかったことも、この時期の沖縄政策に反映していた。むしろ小泉は、旧竹下派を敵視し、その牙城であった郵政事業の民営化を進めたのと同様、沖縄にも冷淡だった。このような国内政治上の背景もあり、日本政府と沖縄の溝は深まっていく。

○六年一一月の沖縄県知事選挙では、稲嶺の後継で副知事や沖縄電力会長もつとめた仲《なか》井《い》眞《ま》弘多《ひろかず》が自民党や公明党の支援を受けて勝利した。仲井眞は、普天間飛行場の辺野古移設について、現行案では承認できないが、県内移設の可能性もあると含みを持たせた。しかし、沖縄県内での辺野古移設への反対意見は依然強く、辺野古埋立ての場所や環境調査などをめぐってその実施はなかなか進まかった。

民主党政権の迷走と尖閣問題

鳩山民主党政権の挫折

二〇〇九年一月、米国ではバラク・オバマ政権が発足し、前政権によるアフガン・イラク戦争や金融危機の後始末に取り組む。一方、日本でも八月の総選挙で政権交代が実現し、民主党・社民党・国民新党の連立による鳩《はと》山由紀夫《やまゆきお》政権が発足した。〇八年以来、民主党は普天間飛行場の県外・国外移転を掲げ、総選挙でのマニフェストでも、より自立的な日米関係を目指し米軍再編や在日米軍基地のあり方を見直すことを明記した。鳩山由紀夫代表は総選挙前の七月一九日に沖縄で演説し、普天間飛行場について「最低でも県外の移設」を目指すと発言したのである。

ところが政権発足当時の民主党は、普天間飛行場の移設問題でまとまってはいなかった。

図25　キャンプ・シュワブを視察する鳩山首相
（2010年5月4日，共同通信社提供）

六月の米国政府関係者との会談での厳しい反応を受けて、党内では「県外移設は現実的ではない」という意見が台頭していた（毎日新聞政治部六二～六四頁）。鳩山政権で外相となった岡田克也《おかだかつや》は、「県外は無理」という考えから普天間飛行場の嘉手納基地への統合案を提起した（山口・中北編一一二頁）。北澤俊美《きたざわとしみ》防衛相も省内の説明を受けて「普天間飛行場の移転先は沖縄県内以外にはない」と考えていた（薬師寺編八七頁）。

日米両政府は、まずは年内をめどに普天間飛行場の辺野古移設への検証作業を進める。しかし、米国政府は合意計画の見直しには慎重であり、ロバート・ゲーツ国防長官は現行案を主張した。さらに鳩山政権が外交政策で「東アジア共同体」構想を掲げ、そこから米国を除外する姿勢をとったことも米国側の不信感を強めた。一一月の会談で検証作業を迅速に行うことを求めたオバマ大統領に対し、鳩山は「トラスト・ミー」と答えた。ところが、鳩山政権は議論がまとまらないなか、年末になって決定を翌年五月に延期する。米国側は反発し、「このままでは普天間は固定化する」と日本側に警告する。

年明け以降、鳩山政権内では、平野博文《ひらのひろふみ》官房長官を中心に普天間移設計画の見直しが検討され、三月に検討結果としてキャンプ・シュワブ陸上部分、沖縄県中東部の勝連《かつれん》半島、鹿児島県の徳之島《とくのしま》への移転という三つの案が提示された（毎日新聞政治部編二一二頁）。鳩山は徳之島案に最も期待をかけていたが、徳之島では四月一八日に人口の六割の一万五〇〇〇人が参加する反対集会が開催されるなど反発が広がった。

後に鳩山は、「普天間の話に関しては、アメリカの意向を忖度《そんたく》した日本の官僚がうごめいて、アメリカの意向に沿うように政治を仕向けていったように思えてならない」と回想する。鳩山によれば、外務省や防衛省の官僚たちに協力を呼びかけたが、翌日の新聞にそれがリークされたという（山口・中北編一〇三・一〇七頁）。徳之島案の検討の際には、米軍の基準として、海兵隊の陸上部隊とヘリ部隊の恒常的訓練のためヘリ部隊を移設する場合は沖縄から六五カイリ（約一二〇㌖）以内でなければならないと外務省から説明を受けたことがきっかけで、鳩山はこの案を断念した。ところが、そのような基準は米軍に存在しないことが後に明らかになった（琉球新報「日米廻り舞台」取材班五〇〜五七頁）。

一方沖縄では県民の間で、鳩山の発言によって「もう我慢しなくてもいい」（稲嶺前知事の言葉）という感情が広がり、普天間飛行場の県外移設への期待が高まった。一月の名護市長選では、辺野古移設に反対する稲嶺《いなみね》進《すすむ》が移設容認派の現職の島袋《しまぶくろ》吉和《よしかず》に勝利した。二月には、沖縄県議会が全会一致で普天間飛行場の早期閉鎖と県内移設に反対する意見書を可決する。四月には普天間飛行場の県外・国外移設を求める県民大会が開催され、約九万人が参加した。これまで辺野古移設に理解を示していた仲井眞知事も出席し、「過剰な基地の負担には、差別に近い印象すら持つ」と述べたのである。

しかしこの時期、日本周辺の安全保障環境の悪化を示す出来事が相次いで起こった。三月には北朝鮮軍が韓国海軍の哨戒艇を沈没させ、四月には沖縄本島の西南西約一四〇キロの東シナ海公海上を中国の潜水艦やミサイル駆逐艦など計一〇隻が航行する。こうしたなかで日本国内では、普天間問題で迷走する鳩山政権は日米関係を揺るがしていると批判が高まった。

追い詰められた鳩山は現行計画に回帰し、五月四日に沖縄を訪問して仲井眞知事や稲嶺名護市長に普天間飛行場の辺野古移設を要請する。記者会見で鳩山は、沖縄の海兵隊が「学べば学ぶにつけて、在沖縄米軍全体の中で連携し、抑止力が維持できるという思いに至った」と説明した。五月二八日、日米両政府は共同声明を発表し、普天間飛行場の辺野古移設という現行計画を確認する。そして鳩山は、普天間返還問題や金銭問題などでの批判を受けて六月二日に辞任を表明した。

辺野古移設計画に回帰した直後の五月七日、鳩山は全国知事会で各知事に対し「沖縄の米軍機訓練受け入れ」を要請したが、ほとんど反応はなかった。このような日本本土における無関心の一方で、沖縄では二〇一〇年一一月の県知事選挙で仲井眞が普天間飛行場の「県外移設」を掲げて再選し、辺野古移設への反対はますます強まっていった。

尖閣問題

普天間返還問題の混迷の一方で、この時期以降、日本の安全保障政策上、沖縄がより重視されるようになる。そのきっかけとなったのが、尖閣《せんかく》諸島をめぐる日中対立であった。

二〇〇〇年代に入って、中国は経済発展と同時に軍事力増強を進め、東シナ海や南シナ海への海洋進出を積極化した。二〇〇八年一二月には中国公船が初めて尖閣諸島の領海に侵入する。そして二〇一〇年九月七日、尖閣諸島周辺で、中国漁船が海上保安庁の巡視船に衝突する事件が起き、海上保安庁は中国漁船船長を逮捕する。これに中国政府は反発し、レアアースの輸出停止など強硬な対抗措置をとる。対立が高まるなか、九月二四日、那覇検察庁は「日中関係を考慮して」という異例の理由で中国人船長を釈放した。日本国内では、中国の強硬姿勢への反発と政府の方針への不満が高まった。

尖閣など中国の海洋進出への対応は、日本の安全保障政策にも反映される。同年一二月に発表された「防衛計画の大綱」では、中国の国防費増大や軍事的活動は「地域・国際社会の懸念事項」だと記された。そして、「自衛隊配備の空白地帯となっている島嶼部」への自衛隊の部隊配備を進め、沖縄を含む南西地域の防衛態勢を強化する方針が示される。これを受けて、沖縄県の与那国島《よなぐにじま》や石垣島《いしがきじま》、宮古島《みやこじま》への自衛隊配備が進められていく。

一二年四月に石原慎太郎《いしはらしんたろう》東京都知事が尖閣諸島の購入計画を発表したことに対し、日本政府は、九月一〇日、事態を鎮静化するため尖閣諸島の国有化を決定する。しかし、中国政府は猛烈に反発し、日中対立は激化していく。これ以降、中国公船などが尖閣周辺の日本の領海内への侵入を繰り返した。

尖閣をめぐる中国との対立で日本政府が重視したのが米国政府との関係であった。漁船衝突事件直後の一一年九月二三日、前原誠司《まえはらせいじ》外相と会談したヒラリー・クリントン国務長官は、尖閣諸島に日米安保条約第五条が適用されると明言した。もっとも尖閣問題をめぐって日米は一枚岩ではなかった。日本政府が米国政府を頼りにする一方、米国政府は、尖閣諸島をめぐる日中対立が激化して対立に巻き込まれることを警戒し、日本政府の国有化方針にも懐疑的だった（春原『尖閣国有化』）。

これに対し日本政府は、中国に対する抑止を高める必要性と米国政府から「見捨てられる」不安から、日米関係を重視する傾向を強めた。そのなかで、沖縄の海兵隊は、尖閣防衛のための「抑止力」としての重要性が強調されていく。また、一一年三月一一日に起こった東日本大震災では、米軍が自衛隊とともに「トモダチ作戦」という災害救助活動を行った。沖縄の海兵隊も「トモダチ作戦」のもと、東北地方で救助活動を行い、日本国内では米軍や海兵隊を評価する声が高まった。これに対し沖縄では、米軍駐留の正当化を警戒する声もあがったのである。

米軍再編の見直し

米国のオバマ政権にとっても、中国の台頭への対応は重要な外交課題であった。当初は中国との協調を目指したオバマ政権だったが、中国の軍事力増強と東シナ海や南シナ海への現状変更的な活動に対して次第に警戒感を強める。こうしてオバマ政権は、アジアを重視する「リバランス」を打ち出し、中国をにらんで豪州への海兵隊のローテーション配備やフィリピンへの米軍のローテーション配備を進めた。

新たな米軍の兵力態勢を進めるうえで大きな課題になったのが、〇六年に合意された在日米軍再編計画における沖縄からグアムへの海兵隊移転が進んでいないことであった。前述のように、現行計画では普天間飛行場の辺野古移設と海兵隊のグアム移転が「パッケージ」となっていたが、鳩山政権によって普天間飛行場の移設は膠着状態となっていた。さらに米国内でも、グアムでの新基地建設やインフラ整備に予想以上にコストがかかることがわかり、議会で批判が高まっていた。特に米上院軍事委員会では、有力議員たちが普天間飛行場の辺野古移設の実現性を疑問視し、嘉手納基地への統合を提言する。このように、米国内の専門家の間では辺野古移設への疑念が広がり、辺野古移設に代わる「プランB（代替策）」を模索する必要性が指摘されていた（琉球新報「日米廻り舞台」取材班六六〜六七頁）。

こうしたなか、一二年四月二七日の二プラス二で米軍再編計画の見直しが発表される。ここでは、まず〇六年合意で「パッケージ」となっていた普天間飛行場の辺野古移設・沖縄の海兵隊のグアム移転・嘉手納以南の基地返還の「切り離し」が決定される。また約九

○○○人の海兵隊が沖縄からグアムだけでなく、豪州・ハワイにも移転することに変更される。もともと沖縄県は、普天間飛行場の辺野古移設と切り離して海兵隊のグアム移転や嘉手納以南の基地返還を進めるよう日本政府に要請していた。一方米国政府は、中国をにらんだグアムの拠点強化を普天間飛行場の辺野古移設と切り離して行うことで、議会からの批判を回避しようとした。また、中国や北朝鮮のミサイル射程内にある沖縄から海兵隊を分散移転することは、米国にとっても戦略的に重要だと考えられるようになっていた（『日本経済新聞』二〇一二年二月一〇日・三月四日）。

米軍再編見直し合意では、沖縄からグアムへ移転する海兵隊が〇六年計画では司令部要員だったものが、第四海兵連隊といった陸上実戦部隊へと変更された。日本政府は、かつて実戦部隊が沖縄に残るので海兵隊の抑止力は維持されると説明していたが、計画見直しによって沖縄には第三海兵遠征軍司令部や約二〇〇〇人の第三一海兵遠征部隊などが残ることになった。なお、米国側は見直し協議のなかで普天間飛行場のヘリ部隊を指揮下におく第一海兵航空団司令部の沖縄から岩国への移転を提案したが、日本側は「国内で受け入れ先を探すのは困難」と拒否した。これらの事実は、沖縄から見ると、海兵隊の「抑止力」や「一体運用」を強調してきた日本政府の説明の妥当性を疑問視させるものであった

(琉球新報「日米廻り舞台」取材班一二二〜一二三頁、『琉球新報』二〇一二年三月一六日)。一二月に森本敏《もりもとさとし》防衛相が退任記者会見で海兵隊の沖縄駐留について、「軍事的には沖縄でなくても良いが、政治的に考えると沖縄がつまり最適の地域である」と説明したことも、海兵隊の沖縄駐留の必要性への沖縄現地での疑問を高めた。

安倍政権と「オール沖縄」の対立

「オール沖縄」の形成

民主党政権の普天間返還問題をめぐる迷走によって、政権交代をしても日本政府の沖縄政策は変わらないという失望感が沖縄では広がった。こうしたなかで沖縄県内では、日本政府や日本本土に対し、基地の過重負担という不条理について保守・革新といった政治的立場を超えて異議申し立てを行うべきだという動きが強まっていく。

その契機になったのが、二〇一二年一〇月一日、垂直離発着可能な新型輸送機MV22オスプレイが普天間飛行場に配備されたことである。オスプレイは試行段階から多くの事故を起こしていたため、一一年六月に米国防総省が配備計画を発表すると、沖縄では一斉に反対の声があがった。七月一四日には県議会が配備計画撤回を求める意見書を全会一致で可決、翌一二年九月には「オスプレイ配備に反対する沖縄県民大会」が開催され、約一〇万人が参加した。県民大会には、かつては自民党沖縄県連の幹事長もつとめた翁長雄志《おながたけし》那覇市長や経済界代表など保守・革新を超えて有力者が共同代表者として名前を連ねた。しかし、これらの反対を無視してオスプレイは配備された。

一二年一二月二六日に行われた衆議院総選挙では、民主党が大敗し、自民党・公明党による第二次安倍晋三《あべしんぞう》政権が発足する。沖縄では、四つの小選挙区のうち三つの選挙区で、自民党の候補者が普天間飛行場の「県外移設」を掲げて勝利した。しかし安倍政権は、発足当初から普天間返還問題迷走の責任は民主党政権にあると繰り返し、「唯一の解決策」として辺野古移設への作業を進めていく。

このような安倍政権の方針に対し、翌一三年一月二七日、翁長那覇市長を共同代表に三八市町村長と四一市町村議会議長（代理含む）、県議など総勢一四〇人の要請団が沖縄から上京し、オスプレイ配備に反対する東京集会を開催する。登壇した翁長は、「沖縄が日本に甘えているのでしょうか？　日本が沖縄に甘えているのでしょうか？」と語気を強めて問いかけた。翌日、翁長らは安倍首相に対し、オスプレイ配備撤回や普天間飛行場の閉鎖・撤去と県内移設断念を求める「建白書」を提出する。この時点では、ほぼすべての沖縄の市町村長・国会議員・県議が普天間飛行場の県外移設やオスプレイ配備反対を掲げていた。

しかし、東京集会や「建白書」に対する日本政府や国内世論の反応は鈍いものだった。東京集会後のデモ行進では、政治団体などから「売国奴」「中国のスパイ」といったヤジが飛んだ。二月には日米首脳会談で普天間飛行場の辺野古への早期移設が合意され、三月には沖縄防衛局が沖縄県に辺野古埋め立てを申請し、移設工事着手に向けた手続きを進めていく。そして政府・自民党執行部は、辺野古移設に反対して当選した同党の沖縄選出議員に対して「説得」を行い、彼らは辺野古移設容認へと立場を変える。「県外移設」を掲げていた自民党沖縄県連も一一月には辺野古移設容認方針を決定する。

政府や自民党のやり方に沖縄で反発が広がるなか、次の焦点になったのが、普天間飛行場の「県外移設」を掲げて再選した仲井眞弘多知事の姿勢であった。仲井眞は、この時点まで普天間飛行場の県外移設に全力で取り組むと表明し、辺野古移設なしには普天間飛行場が固定化されるという政府側の発言に対して「政治の堕落」だと厳しく批判した。

しかし仲井眞は、水面下で政府と協議を進め、沖縄振興のための予算確保とともに普天間飛行場の五年以内の運用停止などを政府に要望する。仲井眞は、普天間飛行場の県外移設は可能だと考えていたが、政府が着々と移設作業を進めるなかで辺野古移設もやむなしと判断した。そのうえで、せめてオスプレイの県外への分散移転によって普天間飛行場を限りなく使用されていない状況にもっていこうとしたのである（竹中二〇〇〜二〇八頁）。仲井眞の要望を受けて政府は一四年度予算のなかで総額三四六〇億円の沖縄振興予算を計上、二五日に仲井眞と会談した安倍首相は、沖縄振興予算を二一年度まで毎年三〇〇〇億円台を確保することや普天間飛行場のオスプレイの訓練の県外移転を検討することを明言した。仲井眞は、安倍の発言を受けて「有史以来の予算」として歓迎し、「良い正月になる」とまで発言する。

ついに一二月二七日、仲井眞はそれまでの態度を翻し、移設工事に向けた辺野古埋立てを承認し、事実上辺野古移設を容認する。日米両政府は仲井眞による承認を歓迎し、米国内の専門家などの辺野古移設計画への懐疑的な見方は一変することになった。

ところが沖縄県内では、「県外移設」の公約を破ったうえに、振興予算と引き換えに辺野古移設を受け入れた形になった仲井眞に対し、誇りが傷つけられたとして怒りが高まった。翌一四年一月一九日の名護市長選挙では、辺野古移設に反対する現職の稲嶺進が再選する。こうしたなかで、一一月一六日に沖縄県知事選挙が行われた。政府・自民党の支援を受け、辺野古移設のための埋立てを承認した仲井眞が三選を目指して立候補したのに対し、辺野古移設に反対して挑戦したのが那覇市長だった翁長雄志であった。翁長は、革新陣営とともに、保守陣営や経済界の一部を結集し、保守・革新を超えて普天間飛行場の辺野古移設に反対するという「オール沖縄」を構築し、知事選に臨んだのである。

知事選挙では、翁長が三六万票を獲得し、仲井眞に一〇万票の差をつけて勝利した。翁長の勝利の背景には、沖縄を取り巻く政治・経済状況の変化があった。翁長は、もともと自民党政治家で沖縄県連幹事長もつとめたことから日米安保を支持していたが、「日本の安全保障は日本国民全体で考えるべき」「米軍基地は沖縄経済の最大の阻害要因」という二点をスローガンとして選挙を戦った。翁長は、「イデオロギーよりアイデンティティ」を掲げ、沖縄への基地の過重負担という不条理を日本政府・日本本土に訴えようとした。

また経済的にも、沖縄経済の基地への依存度が沖縄返還時の一五％から五％に低下するとともに、八〇年代から九〇年代にかけての基地返還によって、那覇新都心（もと牧港住宅地区）など跡地利用の成果が目にみえるようになっていた。しかも、アジアの経済発展によって中国などアジアからの観光客の増加によって沖縄の経済は発展していた。こうしたなかで米軍基地の返還を進め、アジア経済のダイナミズムを取り入れることで沖縄はさらに発展すると翁長は強調した（翁長一九七〜二〇一頁）。翁長の勝利は、沖縄県民の日本政府への失望と経済的な自信の高まりを象徴していたのである。

安倍政権と翁長知事の対立

二〇一二年一二月に発足した第二次安倍晋三政権の外交・安全保障政策の最大の課題は、軍事的に台頭し、海洋進出を活発化させる中国への対応であった。一三年二月には、中国海軍艦艇が海上自衛隊護衛艦にレーダー照射を行ったことが明らかになり、一一月には中国政府は尖閣諸島を含む東シナ海の上空空域に防空識別圏を設定するなど、尖閣諸島をめぐる日中対立は高まっていた。

中国への対抗を念頭に、安倍政権は日本の防衛力を強化するとともに、米国との安全保障協力を強化する。一四年七月には、これまで憲法上許されないとしてきた集団的自衛権の行使を一部容認する。これをもとに一五年四月には、日米両政府が「日米防衛協力のための指針」（ガイドライン）を再改定し、同盟調整メカニズムを設置するなど、平時から有事まで切れ目のない日米の防衛協力を進めていく。さらにこれらを法制化した安全保障関連法が、国内での多くの反対を押し切る形で九月一九日に国会で成立した。

安倍政権のもとで、安全保障政策において沖縄を含む南西諸島にさらに重点が置かれ、一六年三月には日本最西端の与那国島に陸上自衛隊が配備される。また一八年三月には長崎県佐世保市に島嶼奪還作戦を担う水陸機動団が設置される。二〇一三年の「国家安全保障戦略」では、沖縄について「国家安全保障上極めて重要な位置」にあり、「米軍の駐留が日米同盟の抑止力に寄与している」とされ、こうした観点から普天間飛行場の辺野古移設の推進が目指される。安倍政権にとって、普天間飛行場の辺野古移設は、中国に対抗して米軍のプレゼンスを安定的に維持するための政策として位置づけられていた。

このような安倍政権と、沖縄県の翁長県政は激しく対立することになった。当初、翁長知事は、自身の公約である普天間飛行場の辺野古移設反対への沖縄県民の大きな支持を背景に、安倍政権との対話によって問題解決を目指していたようである。ところが安倍は、四ヵ月もの間、翁長と会おうとせず、翁長は怒りを強めていく。

沖縄だけでなく国内世論からも批判が高まるなか、一五年四月、安倍はようやく翁長と会談する。翁長は、沖縄の置かれてきた苦難の歴史を説明しながら、安倍政権の姿勢を厳しく批判するとともに沖縄県内の辺野古移設反対の民意に理解を求めた。特に菅義偉《すがよしひで》官房長官との会談では、菅が記者会見で知事選の結果にもかかわらず「粛々と」辺野古移設工事を進めると繰り返したことに対し、米国の沖縄統治時代、強権政治を行ったキャラウェ

図26　翁長県知事（左）と安倍首相（右）の会談（2015年8月7日，共同通信社提供）

イ高等弁務官になぞらえて批判した。

　八月以降には、普天間飛行場の辺野古移設問題をめぐって沖縄県と政府との集中協議が行われたが、両者の議論は平行線に終わった。翁長を含め沖縄側の考えでは、普天間飛行場は沖縄戦の最中に集落を破壊して建設されたものであるから、辺野古への県内移設は沖縄の基地負担を軽減するものではなかった。しかし、日本政府は、普天間飛行場の辺野古移設は九六年以来の課題であり、普天間飛行場の危険性除去と日米同盟の抑止力維持を両立させる「唯一の解決策」だと繰り返した。沖縄戦以来の歴史を説く翁長に対し、菅は「私は戦後生まれなので歴史の話を持ち出されても困ります」と答え、理解を示そうとしなかった。これに対し翁長は、「お互いに別々の戦後の歴史の時を生きてきたのですね」と捨て台詞のように述べている（翁長六二頁）。普天間飛行場の辺野古移設問題は、日本政府・日本本土と沖縄の米軍基地に対する考え方とともに、歴史認識をめぐる溝をもあぶり出したのである。

翁長の死と玉城県政の誕生

辺野古移設阻止のため、一〇月一三日、翁長は、仲井眞前知事が行った移設工事に向けた辺野古埋め立て承認を取り消した。このことに対して、政府は沖縄県を訴え、両者は法廷闘争に入っていく。一六年一二月、最高裁判所の判決で沖縄県の敗訴が確定した。さらに一六年一月の宜野湾市長選挙、一八年二月の名護市長選挙で、佐喜眞《さきま》淳《あつし》・渡具知《とぐち》武豊《たけとよ》というそれぞれ政府・自民党・公明党が支援し、辺野古移設容認とみられた候補者が勝利する。日本政府・自民党は、辺野古移設工事を強行するとともに経済振興への支援を強調することで、翁長の政治基盤である「オール沖縄」を切り崩していこうとした。

こうしたなかで翁長は、一八年七月二七日、膵臓癌におかされてやせ細った体をおして記者会見を開き、前知事による辺野古埋め立て承認の撤回を行う意思を表明する。しかしその後の八月八日に翁長は病で亡くなった。

図27　県知事選挙に勝利した玉城デニー（2018年9月30日，共同通信社提供）

翁長の死を受けて九月三〇日、沖縄県知事選挙が実施される。知事選挙は、翁長の後継として「オール沖縄」が擁立した衆議院議員の玉城《たまき》デニーと、自民党・公明党の支持を受け宜野湾市長をつとめた佐喜眞淳との事実上の一騎打ちとなった。知事選挙は、「オール沖縄」にとって、翁長の「弔い合戦」の様相を呈し、沖縄県民の同情も広がっていた。また、玉城は、翁長の遺志を継いで辺野古移設反対を掲げるとともに、「誰一人として取り残されない社会」をつくることを強調し、子ども支援の充実など多様な争点をアピールすることで若者や女性など幅広い層から支持を獲得した。こうして知事選では、玉城が約三九万七〇〇〇票を獲得し、佐喜眞に八万票の差で勝利する。

知事選での玉城勝利にもかかわらず、政府は辺野古移設工事を継続した。一二月一四日には、移設工事のための辺野古への土砂投入が開始され、美しい海に土砂が投入される様子は、多くの県民にショックを与えた。普天間飛行場の辺野古移設問題をめぐって日本政府と沖縄県の対立は深まり、日本本土と沖縄の間には大きな溝が生まれている。

沖縄米軍基地をめぐる問題は普天間飛行場の辺野古移設問題だけではない。一六年四月には、元海兵隊の米軍属が二〇歳の女性を殺害するという事件が起こる。また同年一二月、普天間飛行場所属のオスプレイが名護市安部《あぶ》で墜落・大破した。さらに一七年一〇月には沖縄県北部の東村《ひがしそん》高江《たかえ》にヘリコプターのＣＨ53Ｅが墜落・炎上、同年一二月には宜野湾市の緑が丘保育園で米軍ヘリの部品が見つかり、その数週間後、普天間第二小学校の校庭にＣＨ53Ｅの重さ八㌕の窓が落下する。最近では、嘉手納基地や普天間飛行場の周辺から有機フッ素化合物が検出され、米軍基地による水質汚染が心配されている。

一七年七月には、当時の翁長知事は日米地位協定の改定案をまとめている。これは、地位協定運用への地方自治体の関与を強く求めるものだった。翁長知事の要望を受けて翌一八年七月、全国知事会が日米地位協定の抜本的改定を含む「米軍基地負担に関する提言」を全会一致で採択している（山本『日米地位協定』一九六〜一九七頁）。

一方米国では、一七年一月、ドナルド・トランプ政権が発足した。トランプ大統領は、「米国第一主義」を掲げ、日米安保は米国に日本防衛義務がある一方で、日本には米国防衛義務がないので「不公平だ」と主張し、日本に対して米軍駐留経費の増額など、負担分担の拡大を求めている。トランプ大統領の発言は、非対称な協力関係から成り立つ日米安保のあり方を改めて浮き彫りにした。同時に、日米安保による基地負担の日本国内での不公平さも我々は目を向ける必要があるだろう。

「沖縄基地問題」のゆくえ――エピローグ

二〇一九年沖縄県民投票

二〇一九年二月、沖縄では、普天間《ふてんま》飛行場の辺野古《へのこ》移設に伴う埋立ての賛否を問う県民投票が実施された。九六年の「日米地位協定の見直し」「沖縄米軍基地の整理縮小」について賛否を問う県民投票に続き、沖縄県では米軍基地という日本の外交・安全保障にかかわる問題をめぐって二度目の県民投票が行われたのである。

今回の県民投票の実施は、大学院生の元山仁四郎を中心とする市民が主導した。彼らが目指したのは、日本政府が辺野古移設工事を進めていることに対し、沖縄県民自身がこの問題について改めて議論し、その意思を内外に明確に示すことにあった。沖縄県内では、政府による移設工事の推進に対抗する有効な手段が見当たらないなかで、県民投票実施への支持がゆるやかに広がっていく。

元山らは、二〇一八年五月に県民投票実施に向けた署名集めを開始し、九万二八四八人の県民の署名を集め、九月に署名簿を沖縄県に提出する。これを受けて一〇月に沖縄県議会は、辺野古埋立てについて「賛成」「反対」の二択で投票するという県民投票条例案を可決した。ところがその後、宜野湾市・沖縄市・うるま市・石垣市・宮古島市の五市の市長は、「賛成」「反対」の二択では市民の意思が正確に反映されないことや、投票事務の予算執行が市議会で否決されたことなどを理由に、県民投票を実施しないことを表明した。これらの五市の動きについては、普天間飛行場の辺野古移設問題への沖縄県民の複雑な感情を示すものである一方で、辺野古移設を推進する政府や自民党の方針に気兼ねしたものであるという見方もあった。

このままでは全県での県民投票を実施できないという状況になるなか、元山は抗議のために宜野湾市役所前でハンガーストライキを行い、県民の間でも全県での投票実施を求める声が高まった。こうして一九年一月、沖縄県議会では、妥協策として辺野古埋立てについて「賛成」「反対」に加え「どちらでもない」という三択によって投票を行う条例改定案が可決され、五市も投票を実施することになり、ようやく全県実施が可能になった。

二月二四日に実施された県民投票は、投票率が約五二・四八％、そのうち「反対」が四三万四二七三票、「賛成」が一一万四九三三票、「どちらでもない」が五万二六八二票で、「反対」は投票数の七二％にのぼった。翁長雄志《おながたけし》・玉城《たまき》デニーという辺野古移設に反対する候補者が相次いで勝利した沖縄県知事選に続き、改めて多くの県民が辺野古移設に反対していることが示された。そして九六年の県民投票に続いて、今回の県民投票も米軍基地のあり方について日米両政府に対し沖縄から異議を申し立てるものになったのである。

普天間飛行場の辺野古移設計画の問題

県民投票で明確に沖縄の民意が示されたにもかかわらず、日本政府は辺野古移設工事を続行した。玉城知事は政府に工事の中止を求めるとともに対話による解決を求めているが、政府はこれを無視している。普天間飛行場の辺野古移設問題をめぐって、日本政府と沖縄県は対立し、日本本土と沖縄との間にもこれまでにない溝が生じている。

しかし、政府の進める工事の見通しは極めて不明瞭である。まず、沖縄県内の世論の反発である。県民投票に示されたように、辺野古移設への沖縄県民の反対の民意は根強い。県民投票後も辺野古移設工事が進んでいることに対し、沖縄県内で「あきらめ」に近い感情が存在しているのも事実だとはいえ、政府が民主主義や地方自治を無視しているという反発も強まっている。

また、辺野古移設のための埋立て予定地である大浦湾《おおうらわん》の海底に巨大な軟弱地盤が存在していることが明らかになった。一九年一二月の政府の資料によれば、この軟弱地盤の改良工事のため、約七万本のくいを打ち込む必要があり、移設工事はこの後一二年かかることが見込まれ、そのために工費も当初の三倍の約九三〇〇億円がかかるという。さらに、移設のための新基地が完成した後も、地盤沈下の可能性がある。普天間飛行場の全面返還は辺野古の代替施設の完成後となるが、このままでは一〇年以上も普天間飛行場の危険性を放置することになる。普天間飛行場の早期の危険性除去という辺野古移設の大義名分は大きく揺らいでいる。莫大なコストは日本の財政や国民の税金という点からも問題である。

さらにこれ以前から、米国政府内では、建設予定の辺野古代替施設の滑走路の長さが有事に使用するには短いことが問題視されていた。このように、普天間飛行場の辺野古移設は、政治的・軍事的・技術的・財政的に大きな問題を抱えている。政府は、普天間飛行場の返還のためには辺野古移設が「唯一の解決策」だと主張するが、その根拠は極めて疑わしいものになっているのである。

図28　普天間飛行場（沖縄県知事公室提供）

多くの沖縄県民が普天間飛行場の辺野古移設に反対しているのは、決して普天間飛行場がそのままでいいと考えているからではない。二〇一五年の沖縄県民の世論調査によれば、約七五％が普天間飛行場の固定化に反対している（沖縄県知事公室地域安全政策課二四頁）。日本の国土面積の〇・六％に過ぎない沖縄に、在日米軍専用施設面積の約七〇・六％が存在するなかで、普天間飛行場を辺野古に移設することは、自然環境を破壊し、過重な基地負担を固定化するものであると多くの県民には理解されている。同時に密集する市街地の中心部に位置し「世界一危険」

ともいわれる普天間飛行場は早急に運用停止されるべきだと考えられているのである。

このように多くの沖縄県民は、普天間飛行場の辺野古移設問題をそれだけの問題だけでなく、沖縄に米軍基地が集中してきた歴史や日米安保の構造の問題として捉えているのである。言い換えれば、普天間飛行場の辺野古移設は、沖縄への米軍基地集中の象徴的問題となっている。今一度、沖縄米軍基地の歴史を振り返ろう。

沖縄米軍基地の歴史

沖縄に米軍基地が構築され、集中する歴史において、沖縄がアジア太平洋戦争において地上戦の舞台になり、その後米軍によって日本本土とは別に占領されたことは極めて重要な意味を持っている。米軍が沖縄に侵攻したのは、日本本土への攻撃のための軍事基地を建設することが目的だった。

しかし米国政府は、終戦直後から冷戦が開始されるなか、世界の基地ネットワークのなかで沖縄を最重要基地として排他的に支配することを追求する。サンフランシスコ講和条約によって日本が国際社会に復帰し、日本本土の米軍基地が大幅に削減される一方、米軍統治下の沖縄では米軍基地は拡大し基地の集中が進んだ。その後、ベトナム戦争末期の七二年には沖縄の施政権が日本に返還され、冷戦終結後の九〇年代には普天間飛行場の返還が合意されるなど、世界規模での米軍プレゼンスの再編とともに沖縄の米軍基地のあり方

について も調整が行われた。それにもかかわらず、今日まで沖縄の米軍基地は米国の世界戦略における重要拠点であり続けている。

米国の戦略において、沖縄の基地は、中国や朝鮮半島に対応するだけでなく、ソ連、東南アジア、さらには中東までもにらんだ幅広い役割を担ってきた。言い換えれば、米軍にとって沖縄基地は、冷戦期の朝鮮戦争やベトナム戦争、さらに冷戦後の国際環境まで、それぞれの事態に対応できる非常に便利なものだった。そのような沖縄米軍基地の自由な使用を可能にしたのが、米軍統治と沖縄返還後の日本政府による協力であった。

一方、アジア太平洋戦争末期、沖縄を本土防衛の盾とした日本政府は、国際的に冷戦が開始されると、占領下で非軍事化が進められたことを背景に、今度は沖縄への米軍駐留を安全保障上重視するようになった。サンフランシスコ講和条約締結とその後の時期、日本政府は、沖縄の主権や日本本土との一体性を求めたが、米国が沖縄を軍事的に利用することを受け入れ軍事基地が拡大されることもやむを得ないと考えていた。沖縄返還後も、日本政府は米軍縮小の懸念から沖縄の米軍基地を必要とし、その安定的維持のために協力してきた。冷戦終結後も米軍撤退への懸念や北朝鮮・中国の脅威に対し、日本政府は沖縄の米軍基地を安全保障上より重視するようになっている。

日本の国内社会においては、講和以降、多くの国民は、再軍備とともに米軍基地にも反対してきた。そのなかで、米軍基地の多くは沖縄に押しつけられた。外務次官などをつとめた下田武三《しもだたけそう》が述べたように、戦後日本の安全保障は憲法第九条・日米安保・沖縄の三つの柱から成り立ってきた（枝村四五頁）。そして沖縄返還後の七〇年代半ば以降、国民の多くが日米安保を支持する一方で、沖縄への米軍基地の集中は日本全体の問題とはみなされなくなった。

このように、沖縄への米軍基地の集中とその固定化というべき状況は、米国の戦略とともに日本の安全保障政策や国内社会にも大きな原因がある。その結果、「物と人との協力」を基本的な構図とする日米安保において、「物」＝基地は沖縄に集約された。そして、その土台の上に自衛隊と米軍の協力、いわば「人と人との協力」が進められ、「同盟」は強化されてきた。日米安保は沖縄への基地集中の上に成立してきたのである。

普天間飛行場の辺野古移設への反対に集約された沖縄からの反発は、冷戦終結後も沖縄への基地負担の集中が変わらないことへの不満が噴出したものだといえる。しかし、県内移設という形で表面的に対応しようとする日米両政府と、基地集中という構造に反発する沖縄の認識のズレは大きいままである。

海兵隊の沖縄駐留

この間、沖縄の米軍基地の歴史で重要な意味を持ってきたのが、最大の兵力である海兵隊の駐留であった。第三海兵師団が、五〇年代の朝鮮戦争休戦後の米軍再編のなかで日本本土から沖縄に移転し、基地を拡張していったことは、沖縄への米軍基地集中の重要な要因となった。さらに、ベトナム戦争に出撃した海兵隊は、同戦争終結に向けた米軍再編のなかで沖縄に再配備され、強化された。日本政府も、沖縄の海兵隊を在日米軍唯一の地上戦闘部隊であるとして、米国の日本防衛関与の証拠として重視してきた。興味深いことに、海兵隊の沖縄駐留をめぐっては、その当初から米国政府内で反対の声や配備の見直しが度々提起された。しかし、その都度海兵隊は役割を再定義し、また日本政府もその駐留を求めてきた。これに対し米国政府も海兵隊を負担分担を引き出す「交渉上のてこ」として対日外交で活用してきたのである。

日本政府によれば、地理的に重要な位置にある沖縄に、即応性があって自然災害から有事まで幅広く対応することのできる海兵隊が駐留することは、「抑止力」として重要だという（防衛省二〇一三）。しかし沖縄の海兵隊は朝鮮半島有事など大きな紛争に対応するには規模が小さく、米本土からの来援が必要で役割には限界がある。そもそも有事において重要な役割を果たすのは海軍や空軍である。海兵隊からも沖縄は土地が狭いので訓練に制約があるとの声が出ている。

普天間飛行場の返還問題をめぐる日本政府と沖縄県の対立も、海兵隊の沖縄駐留をめぐる議論と連関して展開されている。「沖縄基地問題」を考えるうえで、海兵隊が日本の安全保障にとって本当に必要なのか、海兵隊は必ず沖縄に駐留しなければならないのか、その役割や沖縄の地元社会への影響も踏まえつつ検証することが不可欠である。

「沖縄基地問題」の展望

二〇一七年の沖縄県内の世論調査によれば、沖縄に米軍基地が集中することについて、「差別的だ」と答えた人は七〇％にのぼる。もっとも、日米安保について、「重要だ」と答えたのは六五％、「重要でない」と答えたのは二五％であった。しかし、米軍基地について、「全面撤去すべきだ」と答えたのが二六％、「本土並みに少なくすべきだ」と答えたのが五一％であった（河野「沖縄米軍基地をめぐる意識」）。つまり、多くの沖縄県民は、日米安保の重要性を理解しつつも、米軍基地負担の不公平さに反発し、その是正を求めているのである。

その一方で、近年、日米両政府にとって沖縄の安全保障上の重要性は高まっているといえる。その最大の要因となっているのが、中国の政治的・経済的・軍事的台頭である。南シナ海・東シナ海への海洋進出や「一帯一路」構想など、台頭する中国の対外行動は米国主導の国際秩序への挑戦とみなされ、米中関係は覇権や国際秩序をめぐる対立の様相を呈している。日本政府も、尖閣諸島をめぐる対立や米国主導の戦後国際秩序の維持のため、中国と対峙し、沖縄米軍基地を維持しようとするとともに、沖縄を含む南西諸島への自衛隊配備を進めている。こうして米中対立・日中対立が高まるなか、またも沖縄は国際的な対立の「最前線」になろうとしている。

すでにこれまでも沖縄は、大きな基地負担を担ってきた。それゆえ沖縄では、米中対立・日中対立の「最前線」としてさらに負担や危険が増大することに不安・反発の声が高まっている。日米両政府にとって沖縄の安全保障上の重要性が高まる一方で、沖縄ではこれ以上の基地負担に反発が強まるというズレが生じているのである。

大局的にみれば、沖縄現地での反発の高まりは日米安保の不安定化をもたらすだろう。沖縄が地理的に重要な位置にあればこそ、その政治・経済・社会の安定は不可欠だと考えることもできる。また軍事的にも、近年、中国のミサイル能力の向上によって基地の集中する沖縄の脆弱性は高まっている。

すでに米軍や米国の専門家の間では、米軍の態勢を見直すべきだという議論が展開されている。安全保障上の観点からも、固定的な基地は政治的にコストが高く、軍事的にミサイルなどの攻撃に脆弱であるため、分散した兵力配備や有事・訓練で利用できる一時的なアクセス拠点の確保がより重要である。

日本の安全保障や日米安保を安定的なものにするためにも、沖縄への米軍基地の集中を見直し、沖縄依存の安全保障から脱却しなければならない。日米安保が重要であるならば、沖縄の米軍基地の負担を日本全国で担っていくことが必要とされている。例えば、沖縄の米軍の兵力を日本本土の自衛隊基地に分散移転することや訓練のローテーション配備を進めることが考えられる。

より長期的には、沖縄米軍基地の縮小のためには、アジアの安全保障環境を改善する取り組みが必要である。米中対立や日中対立が高まっているが、武力衝突で一番危険が高いのは「最前線」である沖縄である。対立・緊張のエスカレーションや武力衝突を回避するため対話や信頼醸成が必要だが、米中・日中間にはその制度は不十分だといわれる。対話や信頼醸成を通して地域の緊張緩和を推進し、より平和的な地域秩序を構築することができれば、米軍基地を将来的に削減させることが可能になるだろう。

沖縄は、その地理的位置や歴史から、アジアの経済や文化、さらには政治的対話の交流拠点として、この地域の信頼醸成に貢献することができる。アジアでは、安全保障面で緊張・対立が高まる一方、経済・文化面では交流が広がっている。冷戦終結以降、沖縄ではアジアの交流拠点としての役割を模索する動きがあった。これをさらに追求し、軍事拠点ではなく交流拠点としての役割を拡大していくべきである。

「沖縄基地問題」には、日本の安全保障や日米安保のあり方の歪みが集約されている。日本がどのような国でありたいのか。日本の何を、いかにして守りたいのか。「沖縄基地問題」を考えることは、日本の国のあり方を考えることにほかならない。

あとがき

本書を書き終え、ほっと一安心するというよりも、新たなスタート地点に立ち、厳粛な気持ちでいる、というのが正直なところである。

本書執筆のきっかけになったのは、二〇一六年に前著『沖縄返還後の日米安保』を出版したことだった。出版後、筆者は沖縄について、次にどのテーマで、どの時期について研究しようか迷っていた。様々なことに興味があり、テーマや時期を絞りきれなかったのである。そこで筆者は、無謀なことに、終戦直後から現在までの沖縄米軍基地の歴史の「全体」を描きたいと考えた。ちょうどその時期、前著を担当していただいた吉川弘文館編集部の永田伸さんから、沖縄についての別の企画をいただいていたが、相談のうえ沖縄米軍基地の通史を書かせていただくことになった。

しかし、執筆作業は苦闘の連続であった。何よりも、自分の不勉強さを思い知らされた。

また、通史を書くにあたり歴史の「全体」を描きたいと思っていたが、そもそも「全体」とは何なのか、どのような事実を取捨選択するのかを悩み続けた。無鉄砲な試みであっても、沖縄の米軍基地の歴史を通観することで、「日米同盟」や「安全保障」を問い直したいという気持ちは抑えがたかった。とはいえ、書ききれなかったことも多く、筆者の試みが成功したかどうかは、読者の判断に委ねるほかない。

いざ本格的に執筆を開始しようとした矢先、「晴天の霹靂」というべきか、学内の仕事が多忙になった。しばらく執筆は無理だとあきらめかけたが、元来が天邪鬼である筆者は、逆になんとしてもこの仕事の任期中にこの本を完成させようと考え、少しずつ筆を進めた。この三月でようやく仕事から解放されることになり、同時に執筆作業もほぼ終了させることができた。この間、様々な形で学内の業務に協力してくださった大学の同僚の先生や職員の方々には心から感謝したい。

執筆にあたっては、妻で日米関係史の研究者である山本章子（琉球大学准教授）にも原稿をチェックしてもらい、感謝している。エネルギッシュな彼女の研究活動には大いに刺激を受けている。また、前著に引き続き、吉川弘文館の永田氏、大熊啓太氏にお世話になった。

沖縄に赴任して今年で八年目になる。この間、沖縄では様々な出来事があり、普天間飛行場のそばに住む筆者もそれらを体感してきた。沖縄という場所で国際政治や日本の外交・安全保障について研究することは、研究者として本懐だと感じている。「本土」出身者として、研究者として、自分に何ができるのか、自分は何をすべきなのか、これからも自問自答しながら研究に取り組んでいきたい。

二〇二〇年三月　アジア太平洋戦争終結、そして沖縄戦七五年を思いつつ、

野添文彬

参考文献

〔未公刊文書〕

沖縄県公文書館
　オフラハーティ文書
外務省外交史料館
　外務省外交記録第七回公開
　外務省外交記録第一一回公開
　外務省外交記録第一四回公開
　外務省外交記録第二一回公開
　外務省外交記録二〇一八年度公開
　外務省外交記録H二二—〇一一
　外務省外交記録H二二—〇一五
　外務省外交記録H二二—〇一八
　外務省外交記録H二二—〇二一
　外務省外交記録H二五—〇〇三
　外務省外交記録H二六—〇〇四

外務省外交記録H二六―〇一二
外務省外交記録二〇一〇―六二二六
国立国会図書館憲政資料室
　宝珠山昇文書
National Archives
　Records of Department of State, RG59
　　Central Files
　Records of the Joint Chief of Staff, RG218
　　JCS Geographic Files 1953-1956
　　JCS Geographic Files 1957
　　JCS Geographic Files 1958
　　JCS Geographic Files 1959
Hoover Institution, Stanford University
　Feary Papers

〔公刊文書〕

沖縄県渉外部『沖縄の米軍基地』一九七五年
沖縄県知事公室地域安全政策課『平成二七年度地域安全保障に関する県民意識調査』二〇一六年
沖縄県知事公室基地対策課『沖縄の米軍基地』二〇一八年

沖縄県知事公室基地対策課『沖縄の米軍及び自衛隊基地』二〇一九年

外務省編『日本外交文書　サンフランシスコ平和条約　準備対策』外務省、二〇〇六年

外務省編『日本外交文書　サンフランシスコ平和条約　対米交渉』外務省、二〇〇七年

外務省編『日本外交文書　サンフランシスコ平和条約　調印・発効』外務省、二〇〇九年

外務省編『日本外交文書　調書Ⅲ』外務省、二〇〇三年

外務省編『日本外交文書　調書Ⅳ』外務省、二〇〇三年

防衛省『日本の防衛　令和元年度版』二〇一九年

和田純編『オンライン版楠田實資料（佐藤栄作官邸文書）』丸善雄松堂、二〇一六年

CINCPAC, Command History

Department of State, *Foreign Relations of the United States 1947, Vol. VI*

Department of State, *Foreign Relations of the United States 1948, Vol. VI*

Department of State, *Foreign Relations of the United States 1949, Vol. VII, Part 2*

Department of State, *Foreign Relations of the United States 1951, Vol. VI, Part 1*

Department of State, *Foreign Relations of the United States 1952-1954, Vol. XIV, Part 2*

Department of State, *Foreign Relations of the United States 1955-1957, Vol. XXIII, Part 1*

Department of State, *Foreign Relations of the United States 1958-1960, Vol. XVIII*

Department of State, *Foreign Relations of the United States 1961-1963, Vol. XXI*

Department of State, *Foreign Relations of the United States 1964-1968, Vol. XXIX, Part 2*

Department of State, *Foreign Relations of the United States 1969-1976, Vol. XVII*
Foreign Affairs Oral History Project, *Ambassador Walter F. Mordale*, 2006
History of the Joint Chief of Staff: The Joint Chief of Staff and National Policy, Vol. 1-10, Office of Joint History, Office of the Joint Chief of Staff (JCSのように表記)
Melvin Laird and the Foundation of the Post-Vietnam Military 1969-1973, Histrical Office, Office of the Secretary of Defense, 2015
National Security Archive (ed), *Japan and the United States: Diplomatic, Security, and Economic Relations, Part I-III*

〔書籍・論文〕

秋山昌廣『日米の戦略対話が始まった』亜紀書房、二〇〇二年
秋山昌廣『元防衛事務次官　秋山昌廣回顧録』吉田書店、二〇一八年
秋山道宏『基地社会・沖縄と「島ぐるみ」の運動』八朔社、二〇一九年
明田川融『沖縄基地問題の歴史』みすず書房、二〇〇八年
新崎盛暉『沖縄現代史　新版』岩波書店、二〇〇八年
新崎盛暉『日本にとって沖縄とは何か』岩波書店、二〇一六年
朝日新聞社編『沖縄報告　復帰後』朝日新聞出版、一九九六年
五百旗頭真・宮城大蔵編『橋本龍太郎外交回顧録』岩波書店、二〇一三年

池上大祐『アメリカの太平洋戦略と国際信託統治』法律文化社、二〇一三年
稲嶺恵一『我以外皆我が師 稲嶺恵一回顧録』琉球新報社、二〇一一年
池田慎太郎『日米同盟の政治史』国際書院、二〇〇四年
池宮城陽子『沖縄米軍基地と日米安保』東京大学出版会、二〇一八年
枝村純郎（中島琢磨・昇亜美子編）『外交交渉回想』吉川弘文館、二〇一六年
ロバート・D・エルドリッヂ『沖縄問題の起源』名古屋大学出版会、二〇〇三年a
ロバート・D・エルドリッヂ『奄美返還と日米関係』南方新社、二〇〇三年b
大城将保「第三二軍の沖縄配備と全島要塞化」『沖縄戦研究Ⅱ』沖縄県教育委員会、一九九九年
太田昌克『日米「核密約」の全貌』筑摩書房、二〇一一年
沖縄県文化振興会公文書館管理部史料編集室『沖縄県史 資料編一二 アイスバーグ作戦（和訳編）』沖縄県教育委員会、二〇〇一年
沖縄県文化振興会公文書館管理部史料編集室編『沖縄県史 資料編一四 琉球列島の軍政』沖縄県教育委員会、二〇〇二年
沖縄県教育庁文化財課史料編集班編『沖縄県史 資料編二三 沖縄戦日本軍資料』沖縄教育委員会、二〇一二年
沖縄県教育庁文化財課史料編集班編『沖縄県史 各論編六 沖縄戦』沖縄教育委員会、二〇一七
沖縄タイムス社編『五〇年目の激動』沖縄タイムス社、一九九六年
翁長雄志『戦う民意』KADOKAWA、二〇一五年

川平成雄『沖縄　空白の一年』吉川弘文館、二〇一一年
我部政明『日米関係のなかの沖縄』三一書房、一九九六年
我部政明『沖縄返還とは何だったのか』NHKブックス、二〇〇〇年
我部政明『戦後日米関係と安全保障』吉川弘文館、二〇〇七年
川名晋史『基地の政治学』白桃書房、二〇一二年
川名晋史「一九六〇年代の海兵隊「撤退」計画にみる普天間の輪郭」屋良朝博・川名晋史・齊藤孝祐・野添文彬・山本章子『沖縄と海兵隊』旬報社、二〇一六年
金武町『金武町と基地』金武町企画開発課、一九九一年
楠田　實『楠田實日記』中央公論新社、二〇〇一年
楠　綾子『吉田茂と安全保障政策の形成』ミネルヴァ書房、二〇〇九年
宮内庁『昭和天皇実録　第九』東京書籍、二〇一六年
熊本博之「辺野古に積み重ねられた記憶について」『世界』九一九、二〇一九年
栗山尚一『日米同盟　漂流からの脱却』日本経済新聞社、一九九七年
河野　啓「本土復帰四〇年間の沖縄県民意識」『NHK放送文化研究所年報』五七、二〇一三年
河野　啓「沖縄米軍基地をめぐる意識―沖縄と全国―」『放送研究と調査』六七―八、二〇一七年
河野康子『沖縄返還をめぐる政治と外交』東京大学出版会、一九九四年
河野康子「沖縄返還と地域的役割分担論一・二―危機認識の位相をめぐって―」『法学志林』一〇六―一・三、二〇〇八・〇九年

河野康子「日米安保条約改定交渉と沖縄―条約地域をめぐる政党と官僚―」坂本一登・五百旗頭薫編『日本政治史の新地平』吉田書店、二〇一三年
河野康子・平良好利編『対話 沖縄の戦後』吉田書店、二〇一七年
古関彰一『「平和国家」日本の再検討』岩波書店、二〇一三年
古関彰一・豊下楢彦『沖縄 憲法なき戦後』みすず書房、二〇一八年
小山高司「『関東計画』の成り立ちについて」『防衛研究所紀要』一一、二〇〇八年
小山高司「沖縄の施政権返還に伴う自衛隊配備をめぐる動き」『防衛研究所紀要』二〇―一、二〇一七年
齊藤孝祐「在外基地再編をめぐる米国内政治とその戦略的波及」屋良朝博・川名晋史・齊藤孝祐・野添文彬・山本章子『沖縄と海兵隊』旬報社、二〇一六年
阪中友久『沖縄の軍事戦略上の価値』朝日新聞社、一九六六年
坂元一哉『日米同盟の絆』有斐閣、二〇〇〇年
櫻澤 誠『沖縄の復帰運動と保革対立』有志舎、二〇一二年
櫻澤 誠『沖縄現代史』中央公論新社、二〇一五年
佐道明広『沖縄現代政治史』吉田書店、二〇一六年
信夫隆司『米軍基地権と日米密約』岩波書店、二〇一九年
下田武三『戦後日本外交の証言 上・下』行政問題研究所、一九八四年
鈴木九萬監修『日本外交史二六 終戦から講和まで』鹿島研究所出版会、一九七三年

鈴木多聞『「終戦」の政治史』東京大学出版会、二〇一一年
春原　剛『同盟変貌』日本経済新聞社、二〇〇七年
春原　剛『暗闘　尖閣国有化』新潮社、二〇一三年
進藤栄一『分割された領土』岩波書店、二〇〇二年
政策研究大学院大学『吉元政矩オーラルヒストリー』政策研究大学院大学、二〇〇五年
外岡秀俊・三浦俊章・本田優『日米同盟半世紀』朝日新聞社、二〇〇一年
平良好利『戦後沖縄と米軍基地』法政大学出版局、二〇一二年
高橋和宏『ドル防衛と日米関係』千倉書房、二〇一八年
武田　悠『「経済大国」日本の対米協調』ミネルヴァ書房、二〇一五年
竹中明洋『沖縄を売った男』扶桑社、二〇一七年
東郷文彦『日米外交三十年』中央公論社、一九八九年
当間重剛『当間重剛回想録』当間重剛回想録刊行会、一九六九年
豊下楢彦『安保条約の成立』岩波書店、一九九六年
鳥山　淳『沖縄／基地社会の起源と相克』勁草書房、二〇一三年
中島信吾『戦後日本の防衛政策』慶應義塾大学出版会、二〇〇六年
中島琢磨『沖縄返還と日米安保体制』有斐閣、二〇一二年
中野好夫編『戦後資料　沖縄』日本評論社、一九六九年
中野好夫・新崎盛暉『沖縄戦後史』岩波書店、一九七六年

成田千尋「沖縄返還と自衛隊配備」『同時代史研究』一〇、二〇一七年
西村熊雄『サンフランシスコ講和条約・日米安保条約』中央公論社、一九九九年
野添文彬『沖縄返還後の日米安保』吉川弘文館、二〇一六年
野添文彬「境界の道、国道五八号線」屋良朝博・野添文彬・山本章子『日常化された境界』北海道大学出版会、二〇一七年
野添文彬「サンフランシスコ講和における沖縄問題と日本外交」『沖縄法学』四六、二〇一八年
野添文彬「沖縄米軍基地と日米安保体制」『歴史科学』二三三、二〇一八年
野添文彬「冷戦後の日米同盟と基地の共同使用」『防衛学研究』五九、二〇一八年
波多野澄雄『歴史としての日米安保条約』岩波書店、二〇一〇年
波多野澄雄「『密約』とは何だったのか」波多野澄雄編『冷戦変容期の日本外交』ミネルヴァ書房、二〇一三年
波多野澄雄「沖縄返還交渉と台湾・韓国」『外交史料館報』二七、二〇一三年
林　博史『沖縄戦と民衆』大月書店、二〇〇一年
林　博史『米軍基地の歴史』吉川弘文館、二〇一一年
林　博史『沖縄からの本土爆撃』吉川弘文館、二〇一八年
原　彬久『日米関係の構図』ＮＨＫ出版、一九九一年
原彬久編『岸信介証言録』中央公論新社、二〇一四年
久江雅彦『米軍再編』講談社、二〇〇五年

福永文夫『日本占領史』中央公論新社、二〇一四年
船橋洋一『同盟漂流 上・下』岩波書店、二〇〇六年
ウィリアム・ペリー（春原剛訳）『核なき世界へ』日本経済新聞社、二〇一一年
防衛省防衛研究所編『中村悌次オーラル・ヒストリー』防衛省防衛研究所、二〇〇六年
防衛省防衛研究所編『西元徹也オーラル・ヒストリー上・下』防衛省防衛研究所、二〇一〇年
防衛省防衛研究所編『オーラル・ヒストリー冷戦期の防衛力整備と同盟政策⑤ 山口利勝 日裏昌宏』防衛省防衛研究所、二〇一五年
防衛省防衛研究所編『オーラル・ヒストリー日本の安全保障政策と防衛力⑤ 村木鴻二』防衛省防衛研究所、二〇一九年
細川護熙『内訟録―細川護熙総理大臣日記―』日本経済新聞社、二〇一〇年
毎日新聞政治部『琉球の星条旗』講談社、二〇一〇年
牧野浩隆『バランスのある解決を求めて』文進印刷、二〇一〇年
宮城大蔵・渡辺豪『普天間・辺野古―歪められた二〇年―』集英社、二〇一六年
宮里政玄『アメリカの対外政策決定過程』三一書房、一九八一年
宮里政玄『日米関係と沖縄』岩波書店、二〇〇〇年
宮澤喜一『東京―ワシントンの密談』中央公論新社、一九九九年
森　宣雄『沖縄戦後民衆史』岩波書店、二〇一六年
森本　敏『普天間の謎』福竜社、二〇一〇年

守屋武昌『「普天間」交渉秘録』新潮社、二〇一〇年
薬師寺克行編『証言　民主党政権』講談社、二〇一二年
山口二郎・中北浩爾編『民主党政権とは何だったのか』岩波書店、二〇一四年
山田　朗「沖縄戦の軍事史的位置」藤原彰編『沖縄戦と天皇制』立風書房、一九八七年
山本章子『米国と日米安保条約改定』吉田書店、二〇一七年a
山本章子「米国の普天間移設の意図と失敗」『沖縄法政研究』一九、二〇一七年b
山本章子『日米地位協定』中央公論新社、二〇一九年
屋良朝博『砂上の同盟』沖縄タイムス、二〇〇九年
屋良朝苗『屋良朝苗回顧録』朝日新聞社、一九七七年
屋良朝苗『激動八年　屋良朝苗回顧録』沖縄タイムス社、一九八五年
森　啓輔「米施政権下における北部訓練場の軍事土地利用はいかになされたか」『沖縄文化研究』四八、二〇一八年
八原博道『沖縄決戦』中央公論新社、二〇一五年
吉田真吾『日米同盟の制度化』名古屋大学出版会、二〇一二年
吉次公介『日米安保体制史』岩波書店、二〇一八年
読売新聞政治部『外交を喧嘩にした男』新潮社、二〇〇五年
李鍾元『東アジア冷戦と韓米日関係』東京大学出版会、一九九六年
琉球新報社編『一条の光―屋良朝苗日記―下巻』琉球新報社、二〇一七年

琉球新報「日米廻り舞台」取材班『普天間移設　日米の深層』青灯社、二〇一四年
若泉　敬『他策ナカリシヲ信ゼムト欲ス』文芸春秋、一九九五年
渡辺昭夫『戦後日本の政治と外交』福村出版、一九七〇年
渡辺　豪『アメとムチの構図』沖縄タイムス社、二〇〇八年
渡辺　豪『基地の島沖縄—国策のまちおこし—』凱風社、二〇〇九年
John Allison, *Ambassador from the prairie: Or Allison Wonderland*, 1973
Elliot Converse, *Circling the Earth: United States Plans for a Postwar Overseas Military Base System, 1942-1948*, Air University, 2005
Melvyn Leffler, *A Preponderance of, Power: National Security, the Truman Administration, and the Cold War*, Stanford University Press, 1993
Nicholas Evan Sarantakes, *Keystone: The American Occupation of Okinawa and U.S.-Japanese Relations*, Texas A&M University Pres, 2000

〔テレビ番組〕

ＮＨＫＥＴＶ特集「ペリーの告白—元国防長官・沖縄への旅—」ＮＨＫＥテレ、二〇一七年一一月一八日
ＮＨＫＥＴＶ特集「辺野古—基地に翻弄された戦後—」ＮＨＫＥテレ、二〇一九年九月二一日
ＯＴＶおきコア「元政府高官が語る日米交渉の内実」ＯＴＶ沖縄テレビ、二〇一六年

著者略歴

一九八四年、滋賀県に生まれる
二〇一二年、一橋大学大学院法学研究科博士課程修了
現在、沖縄国際大学法学部准教授、博士(法学)

〔主要共著書〕
『沖縄返還後の日米安保―米軍基地をめぐる相克―』(吉川弘文館、二〇一六年)
『沖縄と海兵隊―駐留の史的展開―』(共著、旬報社、二〇一六年)

歴史文化ライブラリー
501

沖縄米軍基地全史

二〇二〇年(令和二)六月一日　第一刷発行

著　者　野《の》添《ぞえ》文《ふみ》彬《あき》
発行者　吉川道郎
発行所　株式会社　吉川弘文館
東京都文京区本郷七丁目二番八号
郵便番号一一三―〇〇三三
電話〇三―三八一三―九一五一〈代表〉
振替口座〇〇一〇〇―五―二四四
http://www.yoshikawa-k.co.jp/
印刷=株式会社　平文社
製本=ナショナル製本協同組合
装幀=清水良洋・高橋奈々

ISBN978-4-642-05901-5

歴史文化ライブラリー

1996. 10

刊行のことば

現今の日本および国際社会は、さまざまな面で大変動の時代を迎えておりますが、近づきつつある二十一世紀は人類史の到達点として、物質的な繁栄のみならず文化や自然・社会環境を謳歌できる平和な社会でなければなりません。しかしながら高度成長・技術革新にともなう急激な変貌は「自己本位な刹那主義」の風潮を生みだし、先人が築いてきた歴史や文化に学ぶ余裕もなく、いまだ明るい人類の将来が展望できていないようにも見えます。このような状況を踏まえ、よりよい二十一世紀社会を築くために、人類誕生から現在に至る「人類の遺産・教訓」としてのあらゆる分野の歴史と文化を「歴史文化ライブラリー」として刊行することといたしました。

小社は、安政四年（一八五七）の創業以来、一貫して歴史学を中心とした専門出版社として書籍を刊行しつづけてまいりました。その経験を生かし、学問成果にもとづいた本叢書を刊行し社会的要請に応えて行きたいと考えております。

現代は、マスメディアが発達した高度情報化社会といわれますが、私どもはあくまでも活字を主体とした出版こそ、ものの本質を考える基礎と信じ、本叢書をとおして社会に訴えてまいりたいと思います。これから生まれでる一冊一冊が、それぞれの読者を知的冒険の旅へと誘い、希望に満ちた人類の未来を構築する糧となれば幸いです。

吉川弘文館

歴史文化ライブラリー

モダン・ライフと戦争 スクリーンのなかの女性たち——宜野座菜央見
彫刻と戦争の近代——平瀬礼太
軍用機の誕生 日本軍の航空戦略と技術開発——水沢 光
首都防空網と〈空都〉多摩——鈴木芳行
帝都防衛 戦争・災害・テロ——土田宏成
陸軍登戸研究所と謀略戦 科学者たちの戦争——渡辺賢二
帝国日本の技術者たち——沢井 実
〈いのち〉をめぐる近代史 堕胎から人工妊娠中絶へ——岩田重則
強制された健康 日本ファシズム下の生命と身体——藤野 豊
戦争とハンセン病——藤野 豊
「自由の国」の報道統制 大戦下の日系ジャーナリズム——水野剛也
海外戦没者の戦後史 遺骨帰還と慰霊——浜井和史
学徒出陣 戦争と青春——蜷川壽惠
特攻隊の〈故郷〉 霞ヶ浦・筑波山・北浦・鹿島灘——伊藤純郎
沖縄戦 強制された「集団自決」——林 博史
陸軍中野学校と沖縄戦 知られざる少年兵「護郷隊」——川満 彰
沖縄からの本土爆撃 米軍出撃基地の誕生——林 博史
原爆ドーム 物産陳列館から広島平和記念碑へ——頴原澄子
米軍基地の歴史 世界ネットワークの形成と展開——林 博史
沖縄米軍基地全史——野添文彬
沖縄 占領下を生き抜く 軍用地・通貨・毒ガス——川平成雄
考証 東京裁判 戦争と戦後を読み解く——宇田川幸大
昭和天皇退位論のゆくえ——冨永 望
ふたつの憲法と日本人 戦前・戦後の憲法観——川口暁弘
首都改造 東京の再開発と都市政治——源川真希
鯨を生きる 鯨人の個人史・鯨食の同時代史——赤嶺 淳
文化財報道と新聞記者——中村俊介

文化史・誌

落書きに歴史をよむ——三上喜孝
霊場の思想——佐藤弘夫
跋扈《ばっこ》する怨霊 祟りと鎮魂の日本史——山田雄司
将門伝説の歴史——樋口州男
藤原鎌足、時空をかける 変身と再生の日本史——黒田 智
変貌する清盛 『平家物語』を書きかえる——樋口大祐
空海の文字とことば——岸田知子
日本禅宗の伝説と歴史——中尾良信
殺生と往生のあいだ 中世仏教と民衆生活——苅米一志
浦島太郎の日本史——三舟隆之

歴史文化ライブラリー

〈ものまね〉の歴史 仏教・笑い・芸能 ―― 石井公成
戒名のはなし ―― 藤井正雄
墓と葬送のゆくえ ―― 森 謙二
運 慶 その人と芸術 ―― 副島弘道
ほとけを造った人びと 止利仏師から運慶・快慶まで ―― 根立研介
祇園祭 祝祭の京都 ―― 川嶋將生
洛中洛外図屏風 つくられた〈京都〉を読み解く ―― 小島道裕
化粧の日本史 美意識の移りかわり ―― 山村博美
乱舞の中世 白拍子・乱拍子・猿楽 ―― 沖本幸子
神社の本殿 建築にみる神の空間 ―― 三浦正幸
古建築を復元する 過去と現在の架け橋 ―― 海野 聡
大工道具の文明史 日本・中国・ヨーロッパの建築技術 ―― 渡邉 晶
苗字と名前の歴史 ―― 坂田 聡
日本人の姓・苗字・名前 人名に刻まれた歴史 ―― 大藤 修
大相撲行司の世界 ―― 根間弘海
日本料理の歴史 ―― 熊倉功夫
日本の味 醤油の歴史 ―― 林 玲子・天野雅敏 編
中世の喫茶文化 儀礼の茶から「茶の湯」へ ―― 橋本素子
香道の文化史 ―― 本間洋子
天皇の音楽史 古代・中世の帝王学 ―― 豊永聡美
流行歌の誕生 「カチューシャの唄」とその時代 ―― 永嶺重敏
話し言葉の日本史 ―― 野村剛史
柳宗悦と民藝の現在 ―― 松井 健
遊牧という文化 移動の生活戦略 ―― 松井 健
マザーグースと日本人 ―― 鷲津名都江
たたら製鉄の歴史 ―― 角田徳幸
金属が語る日本史 銭貨・日本刀・鉄炮 ―― 齋藤 努
書物と権力 中世文化の政治学 ―― 前田雅之
書物に魅せられた英国人 フランク・ホーレーと日本文化 ―― 横山 學
災害復興の日本史 ―― 安田政彦

民俗学・人類学

日本人の誕生 人類はるかなる旅 ―― 埴原和郎
倭人への道 人骨の謎を追って ―― 中橋孝博
神々の原像 祭祀の小宇宙 ―― 新谷尚紀
役行者と修験道の歴史 ―― 宮家 準
幽霊 近世都市が生み出した化物 ―― 髙岡弘幸
雑穀を旅する ―― 増田昭子
川は誰のものか 人と環境の民俗学 ―― 菅 豊

歴史文化ライブラリー

名づけの民俗学 地名・人名はどう命名されてきたか——田中宣一
番と衆 日本社会の東と西——福田アジオ
記憶すること・記録すること 聞き書き論ノート——香月洋一郎
番茶と日本人——中村羊一郎
柳田国男 その生涯と思想——川田 稔

世界史

中国古代の貨幣 お金をめぐる人びとと暮らし——柿沼陽平
渤海国とは何か——古畑 徹
古代の琉球弧と東アジア——山里純一
アジアのなかの琉球王国——高良倉吉
琉球国の滅亡とハワイ移民——鳥越皓之
フランスの中世社会 王と貴族たちの軌跡——渡辺節夫
ヒトラーのニュルンベルク 第三帝国の光と闇——芝 健介
人権の思想史——浜林正夫

考古学

タネをまく縄文人 最新科学が覆す農耕の起源——小畑弘己
老人と子供の考古学——山田康弘
〈新〉弥生時代 五〇〇年早かった水田稲作——藤尾慎一郎
文明に抗した弥生の人びと——寺前直人
樹木と暮らす古代人 木製品が語る弥生・古墳時代——樋上 昇
古 墳——土生田純之
東国から読み解く古墳時代——若狭 徹
埋葬からみた古墳時代 女性・親族・王権——清家 章
神と死者の考古学 古代のまつりと信仰——笹生 衛
土木技術の古代史——青木 敬
国分寺の誕生 古代日本の国家プロジェクト——須田 勉
海底に眠る蒙古襲来 水中考古学の挑戦——池田榮史
銭の考古学——鈴木公雄

古代史

邪馬台国の滅亡 大和王権の征服戦争——若井敏明
日本語の誕生 古代の文字と表記——沖森卓也
日本国号の歴史——小林敏男
日本神話を語ろう イザナキ・イザナミの物語——中村修也
東アジアの日本書紀 歴史書の誕生——遠藤慶太
〈聖徳太子〉の誕生——大山誠一
倭国と渡来人 交錯する「内」と「外」——田中史生
大和の豪族と渡来人 葛城・蘇我氏と大伴・物部氏——加藤謙吉
白村江の真実 新羅王・金春秋の策略——中村修也

歴史文化ライブラリー

歴史文化ライブラリー

敗者たちの中世争乱 年号から読み解く——関 幸彦
平氏が語る源平争乱——永井 晋
熊谷直実 中世武士の生き方——高橋 修
中世武士 畠山重忠 秩父平氏の嫡流——清水 亮
頼朝と街道 鎌倉政権の東国支配——木村茂光
大道 鎌倉時代の幹線道路——岡 陽一郎
鎌倉源氏三代記 一門・重臣と源家将軍——永井 晋
鎌倉北条氏の興亡——奥富敬之
三浦一族の中世——高橋秀樹
都市鎌倉の中世史 吾妻鏡の舞台と主役たち——秋山哲雄
弓矢と刀剣 中世合戦の実像——近藤好和
その後の東国武士団 源平合戦以後——関 幸彦
荒ぶるスサノヲ、七変化 〈中世神話〉の世界——斎藤英喜
曽我物語の史実と虚構——坂井孝一
鎌倉浄土教の先駆者 法然——中井真孝
親 鸞——平松令三
親鸞と歎異抄——今井雅晴
畜生・餓鬼・地獄の中世仏教史 因果応報と悪道——生駒哲郎
神や仏に出会う時 中世びとの信仰と絆——大喜直彦
神仏と中世人 宗教をめぐるホンネとタテマエ——衣川 仁
神風の武士像 蒙古合戦の真実——関 幸彦
鎌倉幕府の滅亡——細川重男
足利尊氏と直義 京の夢、鎌倉の夢——峰岸純夫
高 師直 室町新秩序の創造者——亀田俊和
新田一族の中世 「武家の棟梁」への道——田中大喜
皇位継承の中世史 血統をめぐる政治と内乱——佐伯智広
地獄を二度も見た天皇 光厳院——飯倉晴武
東国の南北朝動乱 北畠親房と国人——伊藤喜良
南朝の真実 忠臣という幻想——亀田俊和
中世の巨大地震——矢田俊文
大飢饉、室町社会を襲う!——清水克行
贈答と宴会の中世——盛本昌広
中世の富と権力 寄進する人びと——湯浅治久
出雲の中世 地域と国家のはざま——佐伯徳哉
中世武士の城——齋藤慎一
戦国の城の一生 つくる・壊す・蘇る——竹井英文
武田信玄——平山 優
徳川家康と武田氏 信玄・勝頼との十四年戦争——本多隆成

歴史文化ライブラリー

戦国大名毛利家の英才教育 元就・隆元・輝元と妻たち—五條小枝子
戦国大名の兵粮事情—久保健一郎
戦乱の中の情報伝達 使者がつなぐ中世京都と在地—酒井紀美
戦国時代の足利将軍—山田康弘
室町将軍の御台所 日野康子・重子・富子—田端泰子
名前と権力の中世史 室町将軍の朝廷戦略—水野智之
戦国貴族の生き残り戦略—岡野友彦
鉄砲と戦国合戦—宇田川武久
検証 長篠合戦—平山 優
織田信長と戦国の村 天下統一のための近江支配—深谷幸治
検証 本能寺の変—谷口克広
明智光秀の生涯—諏訪勝則
加藤清正 朝鮮侵略の実像—北島万次
落日の豊臣政権 秀吉の憂鬱、不穏な京都—河内将芳
豊臣秀頼—福田千鶴
ザビエルの同伴者 アンジロー 戦国時代の国際人—岸野 久
海賊たちの中世—金谷匡人
アジアのなかの戦国大名 西国の群雄と経営戦略—鹿毛敏夫
琉球王国と戦国大名 島津侵入までの半世紀—黒嶋 敏
天下統一とシルバーラッシュ 銀と戦国の流通革命—本多博之

近世史

細川忠利 ポスト戦国世代の国づくり—稲葉継陽
江戸の政権交代と武家屋敷—岩本 馨
江戸の町奉行—南 和男
江戸御留守居役 近世の外交官—笠谷和比古
大名行列を解剖する 江戸の人材派遣—根岸茂夫
江戸大名の本家と分家—野口朋隆
〈甲賀忍者〉の実像—藤田和敏
江戸の武家名鑑 武鑑と出版競争—藤實久美子
江戸の出版統制 弾圧に翻弄された戯作者たち—佐藤至子
武士という身分 城下町萩の大名家臣団—森下 徹
旗本・御家人の就職事情—山本英貴
武士の奉公 本音と建前 江戸時代の出世と処世術—高野信治
宮中のシェフ、鶴をさばく 江戸時代の朝廷と庖丁道—西村慎太郎
馬と人の江戸時代—兼平賢治
犬と鷹の江戸時代 〈犬公方〉綱吉と〈鷹将軍〉吉宗—根崎光男
紀州藩主 徳川吉宗 明君伝説・宝永地震・隠密御用—藤本清二郎
近世の巨大地震—矢田俊文